LE
Bon Berger

OU

Le vray régime et gouver-
nement des Bergers et
Bergères : composé par le rustique

JEHAN DE BRIE
Le bon Berger

Réimprimé sur l'édition de Paris (1541)
AVEC UNE NOTICE
PAR PAUL LACROIX
(Bibliophile Jacob)

SCIENTIA DUCE

PARIS
Isidore LISEUX, Libraire-Éditeur
Rue Bonaparte, nº 2
1879

LE BON BERGER

2910

PENSES ŒUVRE

G. MOTTEROZ

LE
Bon Berger

OU

Le vray régime et gouvernement des Bergers et

Bergères : composé par le rustique

JEHAN DE BRIE

Le bon Berger

Réimprimé sur l'édition de Paris (1541)
AVEC UNE NOTICE
PAR PAUL LACROIX
(Bibliophile Jacob)

SCIENTIA DUCE

IL

PARIS

Isidore **LISEUX**, *Éditeur*
Rue Bonaparte, n° 2
1879

Notice sur Jehan de Brie

ET SUR SON

TRAITÉ DE L'ART DE BERGERIE

L E petit Traité qu'on réimprime aujourd'hui pour la première fois, deux cent quatre-vingt-cinq ans après la dernière édition qui en a été faite à Louvain en 1594, n'est malheureusement pas l'original, que Jehan de Brie, dit le Bon Berger, avait compilé, « pour obéir révéremment à la volonté et commandement de très-excellent prince en haultesse, en noblesse, puissance et amour de sapience, de prudence et de science, Carles le quint, roy de France, nostre sire, régnant très-glorieusement et de grand félicité. » C'est en 1379, suivant la

a

note préliminaire du *Vray régime et gouvernement des Bergers et Bergères*, que
Jehan de Brie acheva le *Traicté de l'estat,
science et pratique de l'art de Bergerie, et
de garder oeilles et brebis à laine*, et le
présenta, *environ la feste de Pentecouste*,
audit roi Charles V. On n'a pas encore re-
trouvé cet ouvrage, qui a dû certainement
faire partie de la bibliothèque des rois
Charles V et Charles VI, et qui fut peut-
être acheté par le duc de Bedford avec les
principaux manuscrits de cette célèbre bibliothèque; mais nous ne désespérons de
le voir découvrir, un jour, dans une des
bibliothèques publiques ou particulières de
l'Angleterre.

A défaut du texte même de l'ouvrage de
Jehan de Brie, il faut bien se contenter de
l'abrégé qui en a été fait, au commencement du XVIᵉ siècle, avec beaucoup de bon-
homie et de simplicité, et qui fut sans
doute reproduit dans un assez grand nombre
d'éditions devenues introuvables, car les
livres destinés à l'usage du peuple se sont
détruits rapidement par le fait seul de cet
usage journalier et continu. L'ouvrage
de Jehan de Brie était, plus que tout autre,
exposé à ce sort inévitable, puisque c'est le
seul livre qui traite de l'*Art de Bergerie*, et

que les Bergers n'ont pas eu d'autre guide pour apprendre théoriquement leur profession. Toujours est-il que l'on connaît à peine trois ou quatre éditions de ce petit livre, et que de chacune de ces éditions il n'a survécu qu'un ou deux exemplaires, qui ne sont pas même tous complets et bien conservés.

Voici, d'après les recherches du savant Jacques-Charles Brunet, la nomenclature et la description des éditions connues :

1º Jehan de Brie le bon Bergier. — *Cy finist la vie du bon bergier Jehan de Brie nouvellement imprimée à Paris pour la veufve de feu Jehan Trepperel et Jehannot* (sans date). Pet. in-8º Goth. de 52 ff.

Jehan Trepperel, libraire et imprimeur à Paris, qui avait sa boutique rue Notre-Dame, à l'enseigne de l'Écu-de-France, étant mort en 1502, sa veuve continua son commerce pendant quelques années. On peut supposer qu'elle s'était associée avec Denys Jehannot, qui fut libraire et imprimeur de 1484 à 1536, et qui céda alors sa maison à son fils.

2º Le vray regime et gouvernement des Bergers et Bergeres : composé par le rustique Jehan de Brie, le bon Berger. M.D.XLII.

A Paris, en l'imprimerie de Denys Jonot (sic), in-16. Goth. de 72 ff., fig. grav. en bois.

C'est l'édition sur laquelle a été faite celle qu'on vient de réimprimer, avec de légères modifications d'orthographe, en donnant le fac-similé de toutes les figures sur bois (1) qui se trouvent dans cette édition de 1542. La plupart de ces gravures, naïvement et grossièrement exécutées, nous paraissent être d'une époque antérieure à la date de l'édition : il est donc permis de supposer qu'elles proviennent d'une autre édition inconnue, imprimée antérieurement, vers 1520 à 1525; mais trois de ces gravures seulement (voy. p. 30, 48 et 63 de la présente réimpression) sont incontestablement contemporaines de l'édition de 1542, puisqu'elles ont une grande analogie avec les figures de Bernard Salomon, dit le Petit Bernard, et qu'elles peuvent avoir servi à quelque édition primitive, encore non citée, des *Quadrins historiques de la Bible,* sinon à une petite édition du Vieux Testament, qui contiendrait des figures dessinées par Holbein ou par Jean Cousin. L'une de ces gra-

_____

(1) Ces figures ont été gravées à nouveau par M. Alfred Prunaire.

vures représente, en effet, la création de l'homme au milieu des animaux déjà créés; l'autre, l'assemblée des oiseaux, après leur création, et la troisième, un grand oiseau qui fait son nid, peut-être le phénix, sous l'influence d'un vent favorable, suivant la seule explication que nous puissions donner à cette gravure.

Il ne faut donc pas tenir compte d'une supposition bibliographique de La Monnoye, qui, dans une de ses notes sur la *Bibliothèque Françoise* de la Croix du Maine, avance que le titre de l'édition de 1542 aurait été refait par Denys Janot, fils de Denys Jehannot, pour rajeunir les exemplaires restant d'une ancienne édition publiée sans date par son père. Dans ce titre, il est vrai, le nom du libraire-imprimeur est étrangement travesti (*Jonot* pour *Janot*), et l'on a peine à croire que cet imprimeur ait laissé subsister une pareille faute d'impression sur les exemplaires mis en vente dans sa boutique. Nous aimons mieux croire que ce titre fautif a été fait, après la mort de Denis Janot ou Jehannot, en 1545, par l'acquéreur des exemplaires qui se trouvaient en magasin chez le défunt. Si l'on admettait cette hypothèse, l'on devrait donc considérer, comme appartenant au premier tirage de cette édition, les exemplaires du *Vray regime et gouvernement des Bergers pour les douze mois de l'an*, « imprimé à Paris, in-16, par Denys Janot, sans date », que Du Verdier signale, en ces termes, dans sa *Bibliothèque Françoise*.

3° Traité de l'estat, science et pratique de l'art de Bergerie et de garder ouailles et bestes à laine, par Jehan de Brie, dit le bon Berger. *Paris, Simon Vostre*, sans date, pet. in-8° Goth.

Cette édition, que possède la Bibliothèque Nationale (série S., n° 880), serait donc une des plus anciennes éditions de l'ouvrage, puisqu'elle doit être antérieure à 1522, Simon Vostre étant mort cette année-là. De plus, le titre de ladite édition est justement celui que Jehan de Brie avait donné à son livre, tel qu'il fut présenté à Charles V en 1379.

4° Le vray régime et gouvernement des bergers et bergeres. Louvain, Jehan Bogart, 1594, pet. in-8°, ff. non chiffrés.

« Édition en caractères Gothiques, » dit Brunet, « ce qui est remarquable pour l'époque de la publication. »

Nous avons inutilement cherché, dans les historiens de Charles V, une mention quelconque de notre Jehan de Brie, que ce grand roi avait chargé de recueillir tous les secrets de l'art de bergerie, que les bergers gardaient entre eux mystérieusement, sans les révéler à qui que ce fût, en dehors de leur profession, comme l'a constaté le rédacteur anonyme du *Vray regime et gouvernement des bergers et bergeres*, en disant : « Nul ne soit si presumptueux que il tiengne ceste doctrine pour fable, car elle est moult noble et digne de grand louenge pour la haultesse du grand entendement de l'Acteur, et doit-on entendre grant amour et vraye obeissance en ce que ledict de Brie l'a voulu bailler, manifester et declairer au Roy nostre sire, et à nul autre ne l'eust-il baillée. Et peult-on vrayement considerer que les anciens sages hommes, desquels nous avons moult de biens » (suit une longue nomenclature depuis Platon jusqu'à Helynant, moine de Froitmont) « n'oserent oncques traicter de ceste matiere presente, ou par aventure ne le vouldrent pas dire ne reveler à leurs chers compaignons et amys, pour la gloire de ceste grande science. » Christine de Pisan, dans la Vie du roi Charles V, rapporte seulement qu'il fit traduire de Latin en Français nombre d'ouvrages anciens, entre autres les 19 livres des

Propriétés des choses. La préface dédicatoire de cette traduction anonyme offre des détails intéressants sur la protection que Charles V accordait aux lettres et aux sciences : elle mérite, à ce titre, d'être citée en entier, parce qu'elle explique comment Jehan de Brie reçut du roi lui-même l'ordre de mettre par écrit les préceptes secrets de l'art de bergerie :

« Ce desir de sapience, Prince très-debonnaire, a Dieu planté et enraciné en vostre cueur très-fermement, si comme il appert manifestement en la grant et copieuse multitude des livres de diverses sciences que vous avez assemblé et assemblez chascun jour par vostre fervente diligence, èsquelz livres vous puisiez la profonde eaue de sapience de vostre vif entendement, pour le espandre ès conseilz et ès jugemens au prouffit du peuple que Dieu vous a commis à gouverner : et pource que la vie d'un homme ne suffiroit mye pour lire les livres que vostre noble desir a assemblez, et par especial, ou temps present, vous ne les povez pas veoir ne visiter, pour cause de voz guerres et de l'administration de vostre royaulme et de plusieurs aultres grandes et inevitables occupations que chascun jour sourdent et viennent à vostre grant magni-

ficence; pourtant est venu à vostre noble
cueur ung desir de avoir le livre des Proprietez des choses, lequel est ainsi comme
une somme generale contenant toute matiere, car il traicte de Dieu et de ses crea-
tures tant visibles comme invisibles, tant
corporelles comme espirituelles, du ciel, de
la terre, de la mer, de l'air et du feu, et de
toutes choses qui en eulx sont, et au desir
que vostre royal cueur a de avoir ce livre,
peult on veoir et cognoistre evidamment
que vous estes habitué et revestu de l'habit
de sapience, car, selon le philosophe Ari-
stote, il affiert au sage de sçavoir toutes
choses : en ce donc que vous desirez de
avoir ce livre, qui traicte de bon desir
acomplir, il a pleu à vostre roiale majesté
de commander à moy, qui suys le plus petit
de vos chapellains et vostre creature et la
faicture de vos mains, que je translate le
livre devantdit, de Latin en Francoys, le plus
clerement que pourray. Je, donc, qui suis
tenu de droict divin et humain et naturel
de obeir à vos commandemens, comme à
mon droit seigneur naturel et comme à
celluy qui m'a fait tel comme je suis,
recoy liement et accepte ceste obedience, en
suppliant humblement à vostre habundante
pitié que elle vueille et daigne prendre en

gré le povoir de ma petitesse, et se deffault
y a qu'il soit imputé à ma très-grande igno-
rance, et se bien y a que il soit attribué à
vostre bon desir et à Celluy de qui tout
bien vient, lequel par sa grace vous doint
sçavoir, povoir et voloir de regner en ce
monde paisiblement et en l'autre monde,
avec luy, sans fin glorieusement. Amen. »

L'auteur de cette traduction, exécutée par
le commandement de Charles V, était Jehan
Corbichon, *son petit et humble chapelain*,
qui, après avoir translaté de Latin en Français la vaste encyclopédie de frère Bartholomé
de Glanville, cordelier Anglais (*de Proprie-
tatibus rerum*), traduisit aussi sans doute un
ouvrage du même genre, non moins estimé
à cette époque, *Ruralium commodorum
libri XII*, composé par Pietro Crescentio,
de Bologne, non-seulement sur l'agriculture, mais encore sur toutes les matières
qu'Olivier de Serres a comprises depuis
dans sa *Maison rustique*. Voici, d'après une
édition de 1533 (Paris, Nicolas Cousteau,
in-fol.), quelles sont ces matières : « Au
» present volume des Prouffitz ruraux et
» champestres est traicté du labour des
» champs, vignes, jardins, arbres de tous
» especes : de leur nature et bonté : de la
» nature et vertu des herbes : de la maniere

» de nourrir toutes bestes, volailles et
» oyseaux de prix. Pareillement la maniere
» de prendre toutes bestes saulvages, pois-
» sons et oyseaux. » On voit que le petit
traité de Jehan de Brie pouvait servir de
complément à la traduction française du
grand ouvrage de Glanville, traduction qui
fut imprimée pour la première fois, en 1486,
à Paris, par Jehan Bonhomme, gr. in-fol. à
2 col., mais dont l'auteur n'est pas nommé
dans le sommaire du Prologue, ainsi conçu :
« Cy commence le livre des ruraulx prouffitz du labour des champs, lequel fut compilé en Latin par Pierre des Crescens, bour-
geois de Boulongne la grasse. Et depuis a
esté translaté en Françoys, à la requeste du
roy Charles de France le quint de ce nom. »
Ce livre fameux ne parlant que très-brièvе-
ment de *l'art de bergerie,* on comprend
que Charles V ait voulu le compléter à ce
point de vue, en ordonnant à Jehan de
Brie d'écrire son livre, dont nous n'avons
qu'un extrait analytique. Henri Martin a
donc eu raison de dire, dans son excellente
Histoire de France, que ce petit traité,
« écrit, par ordre du roi, pour l'usage du
peuple, est une des pensées qui font le plus
d'honneur à Charles V; c'est déjà l'esprit
de Sully et d'Olivier de Serres. »

N'est-il pas surprenant que Jehan de Brie n'ait point été cité avec éloge dans l'histoire littéraire pendant plus de trois siècles, si ce n'est dans les *Bibliothèques Françoises* de la Croix du Maine et du Verdier, où il est fait mention de son livre? Et pourtant, au XVII° siècle, on avait sous les yeux la plus grande partie de cet ouvrage, sans en connaître l'auteur, dans les éditions du *Grand Calendrier et compost des Bergers*, composé par le Berger de la Grande-Montagne, que Pierre Garnier, imprimeur-libraire à Troyes, réimprimait sans cesse dans le format in-4°. C'était Pierre Garnier qui avait imaginé de faire cette heureuse addition au *Grand Calendrier et compost des Bergers*, que l'imprimerie Troyenne publia pour la première fois en 1602. Les éditions de Pierre Garnier ont déguisé leur emprunt, sous ce titre : « Comment le Berger se doit gouverner, tant pour sa santé que pour le regard de ses bêtes; aussi, le remède pour guérir et empêcher qu'aucuns sorciers ne fassent mourir leurs troupeaux, ensemble toutes choses pour régler le Berger selon son art. » On a quelque peine à reconnaître, dans cet intitulé, l'ouvrage de Jehan de Brie, qui n'est nommé nulle part : Pierre Garnier, en

s'appropriant les deux tiers de cet ouvrage,
a soigneusement retranché tout ce qui
concernait la vie et la personnalité de Jehan
le Brie.

Jehan de Brie n'est pas nommé davantage
dans les Comptes de l'hôtel du roi, sous le
règne de Charles V. Notre savant collègue,
M. L. Douet d'Arcq, a seulement rencontré,
dans le Trésor des Chartes, un acte de l'an
395, où il est parlé d'un *Jean de Brie,
prince de Galilée,* « mais comme cet acte, »
dit-il, « se trouve dans la layette Chypre, il
est vrai que sa principauté se trouvait en
Palestine, et non dans le royaume de *So-
sie,* » où les premiers acteurs de la Con-
frérie de la Passion fondèrent un *empire
de Galilée.* Nous ne saurions donc pas
ajouter le moindre fait à ceux que le rédacteur du *Vray régime et gouvernement des
Bergers et Bergères* a enregistrés relative-
ment à la vie de Jehan de Brie. Il est pos-
sible que Christine de Pisan ait fait allu-
sion à ce bon Berger, en racontant que
Charles V, mécontent de ce que son frère
le duc d'Anjou méprisait les fils de culti-
vateurs, dit, au contraire, « que le pauvre
et sage est plus digne d'estime que le riche
déréglé. » Jehan de Brie se voyait ainsi au-
torisé, en traitant « de l'honneur du ber-

ger, » à démontrer « comment l'estat d
Bergerie est grand et honorable. »

Voici, d'après le *Vrai régime et gouver-*
nement des Bergers et Bergères, les principaux traits de la vie de Jehan de Brie, l
bon Berger, qui pouvait avoir trente ans
lorsqu'il écrivit, en 1379, par ordre d
Charles V, le traité de l'Art de la Bergerie.

Jehan de Brie naquit, vers 1349, à Vil-
liers-sur-Rongnon, « en la chastellenie d
Coulommiers en Brie. » Il se nommait sim-
plement *Jehan,* auquel nom on ajouta depui
la désignation de son origine, *de Brie,* qu
n'est autre que la province où il avai
pris naissance. Ses parents furent proba-
blement, comme lui, des *rustiques,* de
paysans. A l'âge de huit ans, il fut « institué et député à garder les oues » (oies) « e
les oysons, audit lieu de Villiers. » Aprè
avoir fait le métier de gardeur d'oies pendant six mois seulement, on le mena « e
la ville de Nolongne » (peut-être Bologne-su
Marne?) où on lui donna « la cure de garder les pourceaux. » Cette *cure* étant « mou
dure, gréveuse et intolérable » au pauvr
Jehan, il aspirait à « estre promu aux hon
neurs sérieux » ; il fut donc chargé, audi

lieu de Nolongne, de « mener les chevaux
à la charrue, au devant du bouvier ou
charretier, pour haster et exciter les chevaux.» C'était un métier pénible et dange-
reux, qu'il n'exerça pas plus de trois mois,
ayant eu le pied écrasé par un cheval. Au
bout d'un mois d'incapacité de travail, on
lui confia la garde de dix vaches laitières,
au même lieu de Nolongne; il les garda
continuellement, durant deux ans. Il fut
grièvement blessé par une de ces vaches,
devenue folle et furieuse. Il dut encore
changer d'état et accepta la garde de quatre-
vingts agneaux. Le métier lui plut, et au
bout de quelques mois (il avait alors onze
ans), il se vit en état de gouverner quatre-
vingts moutons; il employa trois ans à
s'instruire dans l'art de bergerie, si bien
que « par ses faits louables et bonnes œuvres, la bonne renommée de sa science,
sens, discrétion en ceste doctrine, accroissoit de jour en jour, au pays de Brie et ès
lieux environ.» A l'âge de quatorze ans, il
garda deux cents brebis *portières*, à Messy,
près de Cloye. Après deux ans d'exercice,
il devint intendant de l'*hostel* de Messy, qui
appartenait à Matthieu de Ponmolain, seigneur de Tueil, et conserva plus de trois
ans cet *office de clavier*. Il continuait à se

perfectionner dans l'art de bergerie :
« Comme bon et vray estudiant, fut enseigné, instruit et imbut en la droite fontaine
de ceste science et doctrine du faict de la
bergerie. » Le seigneur du Tueil était conseiller en la Chambre des requêtes au Parlement de Paris : ce fut lui, sans doute, qui
prit intérêt aux études de son intendant et
qui lui fournit les moyens de les continuer,
en l'amenant à Paris, où Jehan de Brie
suivit certainement les cours de l'Université. Jehan de Brie, « licencié et maistre en
ceste science de bergerie, » s'était rendu
« digne de lire en la rue au Feurre » (rue du
Fouare, où étaient les grandes écoles de
l'Université), quand il vint demeurer « au
Palais royal, en l'hostel de Messire Arnoul
de Grand-Pont, trésorier de la Sainte-Chapelle. » Là, « comme pasteur, voulant donner bon exemple aux aultres, par bonne et
vraye humilité, lava les escuelles, par plusieurs foys, » quoiqu'il eût acquis dès lors
« toutes les facultez en sa science. » Après
la mort du trésorier, qui avait eu l'occasion de montrer et de faire apprécier ce qu'il
valait, il alla demeurer dans l'hôtel de maître Jehan de Hetomesnil, conseiller du roi,
maître des requêtes de Sa Majesté et chanoine de la Sainte-Chapelle. C'est Jehan de

Hetomesnil qui recommanda au roi le bon berger Jehan de Brie, et Charles V, qui se connaissait en hommes, et qui savait tirer parti des intelligences et des capacités en tous genres, qu'il faisait concourir à l'intérêt général de son royaume, commanda au bon Berger d'écrire un *Traicté de l'estat, science et pratique de l'art de la Bergerie.*

Pour bien se rendre compte de l'importance que Charles V devait attacher à ce traité, le premier et le seul qui fût écrit en France à cette époque, il faudrait, à l'aide de nombreux documents qui existent, mais qui n'ont pas encore été rassemblés et interprétés, prouver que les bêtes à laine, agneaux et moutons, furent alors la véritable richesse de l'agriculture en France : les troupeaux étaient vingt fois plus nombreux et mieux entretenus qu'ils ne le sont aujourd'hui ; la production de la laine était quarante fois plus considérable qu'elle ne l'est maintenant, et le grand centre de cette production se trouvait en pleine prospérité dans les immenses plaines de la Brie, où l'élève du bétail donnait des résultats beaucoup plus avantageux que la culture des céréales. Le petit traité de Jehan de Brie fut considéré avec raison comme le manuel et le guide

professionnel de cette population de bergers, qui vivaient entre eux au milieu de
leurs bêtes, et qui avaient gardé, comme un
dépôt patrimonial, les mœurs simples et
douces de leurs ancêtres. C'est en lisant ce
traité à la fois sérieux et naïf, que nous
aimons à retrouver au travail les bons bergers de la Brie, que nous avions vus en
fête dans le *Banquet du bois*, cette délicieuse
bucolique du xv⁰ siècle, qui n'est pas infé-
rieure à tout ce que Théocrite et Virgile
nous racontent, en vers admirables, sur les
bergers de l'antiquité Grecque et Romaine.

PAUL L. JACOB, bibliophile.

Paris, Mai 1879.

*Erratum : Chap. XXXI, page 135, ligne 5, au
lieu de* poucet, *lisez* poucel (*herbe qu'il ne faut
pas confondre avec la maladie dite* poucet).

LE BON BERGER

Le vray regi-

me & gouuernement des Bergers

& Bergeres : compose par le

rustique Jehan de Brie

le bon Berger.

M. D. XXXX.

A Paris : en l'imprimerie de Denys Jonot imprimeur
& libraire.

A la gloire, louenge et à l'honneur du très-bon et souverain pasteur le créateur de toutes choses : lequel voulut souffrir jusques à la mort, pour la rédemption et délivrance des oeilles de l'umain lignaige. Et pour obéir révéremment à la volunté et commandement de très-excellent prince en haultesse, en noblesse, puissance et amour de sapience, de prudence et de science, Carles le quint, Roy de France, nostre sire régnant très-glorieusement et en grand félicité : Jehan de Brie, natif de Villiers sur Rongnon, en la chastellenie de Coulommiers en Brie, a dict, nommé, faict, compilé et escript ce traicté de l'estat, science et pratique de l'art de bergerie : et de garder oeilles et bestes à laine : qui *fut fait* en l'an de grace mil ccc. *soixante-dix-neuf,* et le siziesme du règne dudict seigneur, environ la *feste de Pentecouste. Suppliant humble-ment* à la clémence et bénignité de la *royalle majesté,* que cest traicté *vueille recevoir* en gré. Sauve la correction du-dict seigneur : et de sa très-grande et sage discrétion, dont la bonne renommée queurt par le monde.

LE PROLOGUE

ELON l'usage et commune observance des anciens, aulcuns qui faisoient escris ou traictez souloient mettre et assigner les causes de leurs procès : c'est assavoir la cause matérielle : la formele : la cause afficiente, et la finale : quel titre le livre aura : et à quelle partie de philosophie on le doit supposer, et quel prouffit il en peult ensuyvir. Mais Jehan de Brie ne fait force de toutes les causes que on y vouldroit assigner : fors que seulement de obéir de toute sa vigueur et de tout son pouvoir à l'accomplissement du plaisir de celuy qui ceste œuvre a commandée et voulu estre ainsi traictée : lequel

Dieu par sa grace tienne longuement en
très-saine vie et bonne prospérité. Et toutesfois pour ensuyr aucunement le propos
des anciens, qui se travaillèrent pour nous
monstrer et enseigner doctrine, nous met-
trons tiltre à ce livret ou petit traicté. Et
sera appellé nouvelleté : pource que de
nouveau et naguères il a receu nouvelle
forme de la matière dequoy il est, comme
l'œuvre présente le monstrera. Et se aulcun
demandoit à quelle partie de philosophie
il sera supposé, on peult respondre que il
sera attribué et supposé à la philosotie, ou
philosophie de bergerie. Et en vérité on le
pourroit et devroit par raison appliquer à
toute philosophie raisonnable, moralle et
naturelle. Le prouffit de cest ouvraige est
moult grand et bon à la chose publique,
comme cy-après sera plainement déclairé :
dont pour l'utilité il devra estre chèrement
gardé. Si soit le nom de nostre seigneur
Jésus Christ appellé à ce commencement :
et le sainct Esprit vueille illuminer et enseigner tellement le faiseur, que ceste œuvre prengne bon moyen et bonne fin.

AUTRE PROLOGUE

On doit entrer en la bergerie par l'huys,
et qui y entre par ailleurs, il est larron,
comme sainct Jehan le nous dist au diziesme
chapitre : *Nous entrerons par l'huys à l'ayde
de Dieu;* et procéderons briefvement pour
oster l'ennuy qui (par prolixité) pourroit
venir aux lisans ou aux escoutans. Et sera
cest ouvraige mis et divisé par chapitres, et
les chapitres par parties et par pièces, pour

le mieulx déclairer et donner à entendre, à fonder l'intention du docteur, et procéder par ordre. Et qui n'y saura retourner, si y mette une pierre ou aultre enseigne pour trouver le chapitre.

TABLE

~~~~

TABLE   11

FIN DE LA TABLE

LE BON BERGER

CHAPITRE PREMIER

LE PROLOGUE DE LA VIE ET ESTAT DE JEHAN DE BRIE

LUSIEURS gens, par importunité et jactance, se efforcent de acquérir gloire mondaine et faire exaulser et valoir leur nom des prouesses et des biensfaictz d'aultruy. Aulcuns autres en y a qui acquièrent nom de maistre sans cause et sans ce qu'ilz en soyent dignes, ne qu'ilz ayent aucun degré de science. Et soubz couleur exquise, comme de faire office de notaire ou de procureur, sont appellez, l'ung maistre Pierre, l'aultre maistre Robert. Si les peult-on figurer et comparer à ung savetier qui fait soulliers vieulx, et est appellé maistre Laurens ou maistre Guillaume, combien qu'il ne sache faire denrée de bon ouvraige. Aulcuns autres sont parez et aornez plus de peaulx et des œuvres aux peletiers que des escritures ne de la science des livres. Et voluntiers et communément font fourrer leurs habis de pennes de escuireux ou d'aultres bestes, que l'on appelle rampaille, et n'ont cure de fourrures des aigniaux ne des brebis; et peult estre que ce font pour mieulx ravir et pillier : car les rampailles ont les dens et les ongles plus trenchans et plus agus que n'ont les oeilles qui sont débonnaires. Telles gens ainsi fourrez et emplumez, pour monstrer leur renardie, peult-on figurer au corbeau qui emprunta estranges plumes pour aller à une assemblée, et pour ce n'en fut-il oncques meilleur ne plus saige. Et quand il eut rendu ses plumes, comme dit Ovide, il demoura noir et sale, selon sa première nature. Toutes telles manières de gens prendront nom de maistre, par abus et usurpation. Et contre eulx proprement est dite la parabole dessus proposée : *Qui n'entre par l'huys en la bergerie, il n'est pas loyal berger.* Mais Dieu mercy, il n'est pas ainsi au cas présent, ne Jehan de Brie ne se veult louer ne vanter, ne il ne quiert avoir gloire du bien fait ne de la prouesse d'aultruy. Et toutesfois est-il bien digne d'avoir nom de maistre par ses mérites et par le comble de sa grand science, en considération et regard à l'estat de sa personne par ce qu'il s'ensuyt.

Il est vray, et soit chose notoire et sceue à tous, que ledit Jehan de Brie, demourant à Villiers sur Rongnon, le VIII. an de son aage, au temps que les peux reviennent ès chefz des enfans qui ont esté teigneux, et qu'ilz commencent à muer leurs premiers dens et qu'ilz ont encores leur folle plume, et ne sont prenables d'aucune loy : fut lors institué et député à garder les oues et les oysons

audit lieu de Villiers, lesquelz il garda
bien et loyaument en son povoir par
l'espace de demy an au plus, en deffen-
dant iceulx oues et oysons des escoufles,
des huas, des pies, des corneilles, et
d'aultres choses à eulx contraires ou
nuysibles. Et tellement se porta audit
office de la garde à luy commise, que
pour le bon rapport de sa personne il
fut en aultre estat et fut mené en la ville
de Nolongne hors dudit Villiers, et illec
luy fut baillée la cure de garder les
pourceaux : lesquelz il garda au mieulx
qu'il peust par l'espace d'ung an ou environ : et convenoit qu'il les menast aux
champs tous batans et à force : car ce
sont rudes bestes et de maulvaise discipline. Et au vespre, au retour des
champs et de leur pasture, s'en repai-
roient si forment et radement, que ledict Jehan, qui lors estoit jeune, ne les
pouvoit aruner, retenir ne acconsuyr;
et souvent ne sçavoit se il en avoit perdu
aulcuns, ou se il avoit son droit compte.
Et celle cure estoit et fut moult dure,
greveuse et intolérable audict Jehan,

assez plus que n'estoit la garde des oues et des oysons. Sur ce pourroit-on assigner et dire plusieurs bonnes raisons prouvables ès escriptures en philosophie naturelle, et ès livres des *Proprietez des choses et des bestes*, desquelles ledit Jehan se passe pour continuer ceste matière.

Après l'estat ou office de garder les pourceaulx, ledit de Brie, en accroissant son estat de estre promeu aux honneurs terriens, fut estably et ordonné audit lieu de Nolongne pour mener les chevaulx à la charrue, au devant du bouvier ou charretier, pour haster et exciter les chevaulx, comme Virgile l'enseigne en son livre des *Bucoliques*, où il traicte de cultiver et labourer les terres. Auquel office à la charrue ledit de Brie ne demoura que par trois mois seulement, pource que l'ung des chevaulx luy passa dessus le pied dextre, et le bleça tellement qu'il en fut malade par l'espace d'ung mois ou plus. Et ne peut continuer ne exercer iceluy office, cau-

sant son essoine de maladie. Et quand
ledit Jehan fut tourné à garison de son
pied, attendu qu'il s'estoit bien porté et
qu'il estoit bien digne d'avoir aulcun
estat convenable à sa personne, l'on luy
bailla la garde de dix vaches à lait de la
maison de Nolongne, lesquelles il garda
bien par l'espace de deux ans continuellement. Et plus les eust gardées de sa
bonne volunté si inconvénient n'y fust
entrevenu : mais fortune qui nully ne
veult ne laisse demeurer en cest estat,
en eut envie, et par importunité d'une
des vaches qui estoit desrée et demandoit les toreaulx, ou elle estoit enyvrée
de maulvaise herbe ou bruvaige, le
heurta de ses cornes moult orguilleuse-
ment et impétueusement, et abatit ledit
Jehan à terre soudain et le bleça forment, tellement qu'il ne peut plus garder les vaches. Et quand il fut relevé et
en convalescence, il vint audit hostel de
Nolongne dire que jamais il ne garderoit
les vaches. Et nonobstant son empeschement il fut receu honorablement, et
lors luy fut baillée la garde de iiii. x. x.

aigniaulx débonnaires et innocens qui ne heurtoient ne bleçoient. Lequel Jehan, qui dès lors avoit esprouvé, comme dit est, aulcunes des fortunes et tribulations de ce monde auxquelles il avoit résisté par sa patience, receut voluntiers la garde desditz aigniaulx, et fut aussi comme leur tuteur et curateur : car ilz estoient soubz aage et mineurs d'ans. Et pource que ledit Jehan n'estoit pas noble et que il ne luy appartenoit pas de lignage, il n'en peut avoir le bail : mais il en eut la garde, gouvernement et administration quant à la nourriture. Et iceulx aigniaulx ledit Jehan traicta et garda moult amyablement et charitablement par l'espace d'ung an et plus. Et soubz son gouvernement, selon la coustume du pays, furent nourris, tondus, empouldrez, oings et saigniez par bonne industrie : et gardoit ledit Jehan son droit compte chascun jour, et les deffendoit des loups et des aultres males bestes. Et après la garde d'iceux aigniaux, considéré que ledit Jehan croissoit en aage d'adolescence et

en science de bonne doctrine pour garder bestes, et avoit jà unze ans : lors luy
fut baillée la garde de vi. xx. moutons,
aultrement ditz chastris : lesquelz estoient
chastes par défault de membres géni-
taulx et n'avoient aulcune coinquination
à femelle. Et les garda continuellement
par trois ans ou environ, si bien et
deuement qu'il n'en fut aulcune com-
plaincte, et que par ses fais louables et
bonnes œuvres la bonne renommée de
sa science, sens, discrétion en ceste doctrine, accroissoit de jour en jour au pays
de Brie et ès lieux environ. Et ne faisoit
pas comme mercenaire : car il aymoit le
prouffit de son maistre, et ne les chan-
geoit pas comme l'on dit que font aulcuns pasteurs, qui en donnent une oeille
grasse pour deux maigres et en prendent
le prouffit pour eulx : et ne leur chault
que ilz en rendent leur nombre ; et aulcuns autres en y a qui fendent les grasses
oeilles par le ventre et en ostent le suif
et la gresse, et appliquent à leur prouffit
furtivement, et laissent les bestes maigres et langoureuses, et par leur coupe.

Certes, soit en espirituel ou en temporel, il n'est pas bon pasteur ne vray, qui n'ayme le salut et le bien de ses oeilles. Et aussi que Sainct Jehan blasme en ses évangiles les pasteurs qui n'entrent pas ès bergeries par l'huys : tout aussi Sainct Matthieu en ses évangiles blasme les pasteurs qui font dommaige à leur fouc, et les appelle faulx prophètes et loups ravissables qui prennent la substance de leurs oeilles et eulx-mesmes les dévorent.

Au temps que Jehan de Brie estoit de l'aage de quatorze ans, il garda deux cens brebis portières à Messy emprès Cloye, par l'espace de deux ans ou plus. Duquel par expérience, qui est la souveraine maistresse des choses, il aprint par grant cure la théorique et la pratique : la science et manière de nourrir, garder et gouverner bestes à laine. Et le droit naturel que nature a aprins et enseigné à toutes bestes, non pas seulement aux raisonnables, mais à toutes aultres bestes qui naissent et sont en

l'air, en la terre et en la mer, et qui font
génération : l'a enseigné et monstré audict Jehan, avec l'usage et continuation
qui moult y ont aydé et valu. Et après
tout, ainsi que l'en doit monter aux honneurs de degré en degré, et aussi comme
l'en sceust pourveoir de estat à ceulx qui
en sont dignes selon leur science, meurs
et discrétion : tout ainsi ledit Jehan de
Brie sans symonie fut estably et institué
à porter les clefz des vivres, garnisons et
choses de l'hostel de Messy, appertenans
à messire Matthieu de Ponmolain, seigneur lors du Tueil et l'ung des conseil-
liers du roy nostre dict seigneur ès en-
questes de son parlement à Paris. Lequel
office de clavier ledict de Brie fist et
exerça par troys ans ou environ continuellement.

Item ledict Jehan, en augmentant son
estat selon ce que raison et nature le
duisoit et qu'il venoit à ans de discrétion, fut nourricier par ses ans conti-
nuelz, en ladicte ville de Messy, des
oeilles, bestes à laine, moutons chastrez,

portières, aigneaux, et antenoises, qui sont bestes d'anten, c'est à dire de plus d'ung an d'aage. Et leur appareilloit litières ès estables, fourrage, et rateliers, et prouvende ès mengoires, et aultres vivres et choses nécessaires moult curieusement.

Si doit-on avoir vraye présumption que, en faisant et continuant les offices et fais dessus déclairez et aultres qui sont des dépendances et appartenances dont cy après sera dit plus plainement : ledit de Brie, comme bon et vray estudiant, fut enseigné, instruit et imbut en la droicte fontaine de ceste science et doctrine du faict de la bergerie. De laquelle fontaine les ruisseaux seront dirivez et déclairez en cest traicté, si plainement et proprement, que ung asne, qui est fole beste et rude, y pourroit mordre et en avoir vraye connoissance. Mais qu'il sceust aussi bien lire et entendre que feroit ung homme.

De ce mesmes

Nul ne soit si présumptueux que il
tiengne ceste doctrine pour fable. Car
elle est moult noble et digne de grand
louenge pour la haultesse du grand entendement de l'acteur. Et doit-on entendre grant amour et vraye obéissance en
ce que ledict de Brie l'a voulu bailler,
manifester et déclairer au roy nostre
sire, et à nul aultre ne l'eust-il baillée.
Et peult-on vrayement considérer que
les anciens sages hommes, desquelz nous
avons moult de biens, si comme furent
Hermes, Platon, Xenocrates, Aristoteles,
Pytagoras, Salomon, Possedemus, Ascle-
piades, Yppocras, Zenon, Eraclitus,
Dyogenes, Chritolaus, Auximenes, Hy-
pater, Hermogenes, Cricias, Empedo-
cles, Permenides, Boetos, Xenophantes,
Epycurus, Socrates, Clyo, Théophra-
stus, Epymenon, Byaspenis, Jules César,
Boece, Virgile, Omere, Ovide, Caton,
Cyceron Tulle, Macrobe, Seneque, Xe-
nophon, Euclides, Peryander, Mellissus,

Secons, Buridant, et plusieurs aultres
philosophes sages et de grand renommée de science. Et Jupiter, qui fut si
subtil homme en l'isle de Crète, que il
trouva et enseigna la manière de prendre
les oyseaulx volans en l'air, les poissons
nouans en la mer et ès eaues doulces, et
les bestes saulvages des boys et des fo-
restz, et duquel plusieurs folles gens
cuydoient qu'il fust dieu. Le roy Detes
qui par science fist faire le mouton à la
toison d'or. Ceulx qui firent faire le
Dieu Hamon en Lybie en forme de
mouton, ne aultres qui ayent traicté au
temps passé des hystoires, si comme
Moyses qui fist le Penthateuque; Esdras
l'escrivain, Neemias, Solinus, Pier. le
Mengeur, ne aulcuns des hystoriographes
du temps passé; Neys le chétif; Helynant, moyne de Froitmont, qui n'avoit
dont il peust acheter seulement du par-
chemin pour escrire les faitz de ses cro-
niques, ne vouldrent ou n'osèrent oncques traicter de cette matière présente,
ou par aventure ne le vouldrent pas dire
ne révéler à leurs chers compaignons et

amys pour la gloire de ceste grande
science. Si la doit-on bien nommer nouvelleté.

Et ne soit merveille à aulcun de ce
que dict est cy dessus, ne murmure n'en
soit faicte contre ledict de Brie. Car il
ne procède pas par vanterie, par jactance, ou par orgueil pour acquérir vaine
gloire, ne pour cuyder que il sache plus
que les aultres : mais seulement pour
conforter et soustenir ses opinions en
raison et en vérité.

Et jaçoit ce que Marcus Terentius
Varro à leur temps escrivirent aux Latins plusieurs livres sans nombre : et
Calaterius fut moult exaulsé de la
multitude de ses livres qu'il escrit aux
Grejoys. Et que Origènes en labour de
ses escritures surmontast tant les Grejoys comme les Latins ou grand nombre de ses œuvres. Et que Sainct Hie-
rosme, comme l'on dict, fist des livres
jusques au nombre de six milliers. Et
que Sainct Augustin, avec Pamphile le

martyr, duquel Sainct Euzebe de Cezarie
escrit la vie, fist xxx milliers de volumes
de livres et vainquit tous les dessus nommez en labour de faire livres; car il en
escrit tant de jour et de nuict que à peine
le pourroit-on croire qui ne l'auroit veu.
Et que Ptholomes, roy de Egypte, qui
fut surnommé Filadelphus et qui tout
passa, en fist faire en son temps LXX milliers de volumes, et tint par long temps
les LXX interprètes qui lors estoient :
néantmoins l'on ne treuve pas ne pourroit trouver cest présent traicté en aulcun de leurs livres. Si semblera bien que
ce soit nouvelle chose. Et pour le bien
publique ledict Jehan de Brie, du commandement du souverain seigneur et
prince des Chrestiens, a entrepris en soy
le fais et la hardiesse de ce faire; car
audict seigneur, à sa haultesse et noblesse, tous secretz de sciences doivent
estre interprétez et manifestez, référez
et révélez.

Et en oultre, quand ledict de Brie eut
esté ainsi licencié et maistre en ceste

science de bergerie et qu'il estoit digne
de lire en la rue au feurre, auprès la
cresche aux veaulx, ou soubz l'ombre
d'ung ourmel ou tilleul derrière les brebis, lors vint demourer au Palais royal,
en l'hostel de Messire Arnoul de Grant-
Pont, trésorier de la Saincte Chapelle
royalle à Paris. Et en l'hostel dudict
trésorier ledict de Brie comme pasteur
voulant donner bon exemple aux aultres, par bonne et vraye humilité, lava les
escuelles par plusieurs foys. Jaçoit ce
que dès lors il eust acquis, comme dict
est, toutes les facultez en sa science. Et
continua depuis au service dudict trésorier tout le résidu du temps que ledict
trésorier vesquit. C'est assavoir par quatorze ans ou environ. Et après la mort
du trésorier, Jehan de Brie, joyeux de
l'abitation des hostelz du Palais à Paris,
ne se transporta pas loing. Et alla demourer en l'hostel de maistre Jehan de
Hetomesnil, conseiller du roy nostre-
dit seigneur, maistre des requestes de
son hostel, et chanoine de ladicte Saincte
Chapelle royalle. Avecques lequel il a

depuis demouré et encore demouroit, au temps de la confection de cest traicté.

Si souffise ce que dict est de l'estat dudict de Brie : car, par ce, peult-on entendre qu'il est expert et ydoine pour monstrer ce qu'il s'ensuyt.

CHAPITRE II

DE L'UTILITÉ ET PROUFFIT DE CE TRAICTÉ

Nous lisons que Dieu le tout puissant fist et créa les pères de ce monde, des cieulx et des élémens, et qu'il forma l'homme sur la terre et que, entre les aultres grans dons qu'il fist à l'homme par sa grace, il luy donna

bestes nommées oeilles portans laine,
et les soubmist et abandonna à l'homme
pour ses alimens et nourriture, et pour
aultres ses nécessitez à son prouffit. Et
de ce parle le royal prophète David, en
son psaultier, ou septiesme vers du huic-
tiesme pseaulme. Dieu (ce dit-il), tu as
toutes choses soubmises soubz les piedz
de l'hofmme, oeilles, boeufz et vaches et
tous les bestiaulx des champs. Assez est
bon à croire et devons entendre que la
vie qui fait remuer et végéter l'esprit et
le corps, par iceluy nous est donnée des
cieulx de lassus et par eulx est gouver-
née. Et la nourriture et pasture nous
est donnée des élémens, comme nous le
voyons : car nous usons des oyseaulx et
volatilles de l'air et des bestes animalles,
oeilles, et des fruictz, semences, plantes,
herbes et racines de la terre, des poissons de la mer et des rivières et eaues
doulces. Le feu aussi y est convenable
et nécessaire pour chaleur, pour mouvement et conservation de la génération, pour recouvrer la corruption, pour
cuire les viandes, pour ayder à la dige-

stion et pour aultres choses qui sont de
sa propriété. Or doit l'homme rendre
graces à Dieu son créateur de tous ses
bénéfices. Et mesmement des oeilles
qu'il a soubmis (comme dit est) à l'usage
et prouffit de l'homme, dont tant pour
le don de Dieu qui fait les gens et personnes de si grand honneur et de telle
dignité que ilz sont comme pour le
prouffit et utilité des oeilles. Chascun
pasteur de quelconque dignité, authorité
ou prééminence que soit, est tenu de
garder et deffendre ses oeilles et bestes,
qui sont soubz sa cure et en sa subje-
ction, de tous ennemys visibles et invisibles, et leur doit donner santé et faire
secours contre tout ce qu'il leur pourroit
nuyre. La raison et la cause mouvans
de l'utilité et prouffit est très-clère et
très-démonstrative et prouvable.

Premièrement, de la laine et tonsure
de l'oeille sont faits les draps desquelz
les princes, les roys et grans seigneurs
et toutes les personnes de l'humain
genre sont vestuz, et de quoy nostre
humanité est couverte communément.

Et en peult l'en ouvrer en plusieurs et
diverses guises et manières et luy donner diverses couleurs et tainctures, pour
draps de graine que l'on nomme escar-
late, pour faire les ouvraiges et pour-
traictures de bestes, de poissons, d'oyseaulx, de fleurs, de fueilles et aultres
belles et merveilleuses choses et plai-
santes à veoir. Et pourroit-on porter des
draps de laine en telles parties de ce
monde, que on les vendroit plus chèrement que draps de soye. Et aussi est et
doit estre une brebis plus honorée et
chère tenue pour le bien de sa laine,
que ung ver ou vermine dont vient la
soye. Les peaulx des oeilles, moutons,
brebis et bestes à laine, dont nous trai-
ctons, sont prouffitables à faire parche-
mins pour faire livres et notes et
plusieurs escritures. Et pour tanner et
mégissier et courrayer en plusieurs et diverses manières, à faire grandes lanières
et aultres choses nécessaires et prouffitables à plusieurs bons usaiges, dont les
particularitez seroient trop longues à
mettre en escrit.

La chair du mouton et de l'oeille est bonne pour nourrir créature humaine, pour menger avec la porée et pour faire plusieurs viandes en temps convenable. Les escoliers à Paris, à Orléans et ailleurs, et plusieurs aultres le sçavent bien, et en fait l'on service à table plus communément que de chairs d'aultres bestes. Les entrailles que l'on appelle trippes et la teste du mouton ou de brebis que les gens de Picardie nomment rebbardeure ou demie rebbardeure, les piedz, le foye, le poulmon, quant il n'est point blecé ne corrompu des dauves ou d'aultres males herbes, et les aultres choses de par dedans sont bonnes et prouffitables aux pauvres gens, car plusieurs en prennent nourriture et recréation à grand suffisance. Le suif et la gresse est bon et prouffitable à faire chandelle et oinctures, et aucune fois en met l'on ès oignemens des cyrurgiens, pour la bonté et saincteté de la beste. Les boyaux sont bons et prouffitables à faire plusieurs cordes grosses et menues, les grosses pour mettre en ars, en espringales et aultres engins à jecter, ou au moins pour mettre ès instrumens de quoy l'on bat la laine pour faire menue, pour la draperie, que l'on appelle archonner. Les menues cordes des boyaux bien lavez, séchez, tors, rez, essuez et filez, sont pour la mélodie des instrumens de musique, de vielles, de harpes, de rothes, de luthz, de quiternes, de rebecs, de choros, de almaduries, de symphonies, de cytholes et de aultres instrumens que l'on fait sonner par dois et par cordes. Dont pour la différence des choses et pour la variation des courages et de la manière de vivre qui a esté et est entre les brebis et les loups, bon seroit à esprouver cordes de boyaulx desdictz loups pour mettre en aulcuns bas instrumens, avec cordes de boyaulx de brebis ou de chèvres, pour sçavoir se ils se pourroient accorder ensemble. Et crois, lecteur, que non.

Le fient des oeilles est moult prouffitable à fumer et amender les terres arables, et pour ce, les sages laboureurs, depuis le printemps jusques en la fin

d'autompne, que il ne fait pas trop
froit, de nuict font tenir et gésir leurs
oeilles aux champs, pour engresser les
terres. Et sont en giron, aussi comme en
manière de parc, et les maine et remue
le pasteur successivement de lieu en aultre petit à petit. Et au lieu où elles sont
emparchées, et pour la garde, une logette de fust sur quatre roelles en manière de borde portable. Et en celle mai-
sonnette gist le pastour de nuict : et se
y peult retraire pour la pluye, et y a des
chiens qui font le guet pour les oeilles
contre leurs adversaires. Et aussi comme
il est dict au livre Ézechiel : *Quelque
part que les bestes alloient, les roues alloient après elles.* Tout ainsi est-il que,
quand les oeilles se remuent, et que le
parc va ou est mené avant ou arrière, de
costé la petite maison sur les roelles les
suyt et est menée après les bestes. Et
ainsi sont les terres engressées et amen-
dées du fient des oeilles, qui est moult
prouffitable chose. D'autre part, la crote
des brebis vault moult en médicine, et
est maintes fois donnée aux malades et

patiens en bruvaiges, ou en aultre manière, pour leur santé recouvrer.

Le suin de la laine vault à laver et
nettoyer draps et autres choses souil-
lées. Et aussi vault-il à mettre aucunesfois sur playes, empostumes et ulcères,
qui bien en sçait ouvrer.

Par ces raisons et autres assez meil-
leurs, que Jehan de Brie ne fait pas
mettre en escript, conclut-il, et est assez
souffisamment monstré, que les oeilles
sont moult prouffitables. Et par consé-
quent, le traicté et la doctrine en est
bonne et prouffitable. Et le pasteur ou
bergier est digne de grant honneur,
comme il apparoistra cy après.

CHAPITRE III

E mestier de la garde des oeilles est moult honnorable et de grant auctorité. Ce peult-on prouver appertement par nature et par la saincte escripture. Par nature, on voit communément que toute humaine créature est inclinée naturellement à suyvir, aymer et honorer ce dont bien luy vient et proffit, et spécialement ce dont elle prent son vivre, ses alimens et sa soustenance corporelle; et plusieurs personnes sans nombre prennent leur vivre, nourriture et sustentacion, pour la plus grant partie, du prouffit et émolument des oeilles.

Item, par la saincte escripture et par

les figures des anciens, est assez tesmoigné : que l'en doit moult honorer l'estat des pasteurs et de la bergerie. Car, comme on list en Genèse : Abel fut le premier bergier et pasteur des oeilles et offrit à Dieu don acceptable. Et quant les gens commencèrent à croistre et multiplier sur terre, leur première chevance et leur premier gouvernement dont ilz montoient à honneur, puissance et en estat de vivre, fut de la nourriture des bestes.

Les patriarches et aulcuns roys anciennement furent bergers et pasteurs, et gardèrent les oeilles et bestes à laine en leurs propres personnes. Des patriarches il n'est point de doubte qu'ilz ne fussent bergers, comme Abraham, Ysaac et Jacob. Et principalement Jacob, duquel yssirent les douze lignées d'Ysrael, fut berger par long temps et moult expert en la doctrine et science de garder oeilles. Celuy Jacob servit Laban son oncle et garda ses oeilles par sept ans, en espérance d'avoir à femme Rachel, la fille dudict Laban. Et quand il faillit à son intention et que l'aultre fille

nommée Lya luy fut donnée en lieu de
Rachel, il fut berger audit Laban par
aultres sept années, pour avoir ladicte
Rachel. Et pour son loyer lui fut oc-
troyé par ledict Laban qu'il auroit
toutes les oeilles et brebis· qui seroient
tachées, vairolées ou grivelées. Si ap-
plica ledict Jacob sa malice à ce que
au moys de Septembre que les moutons
saillent et luysent les brebis portières,
selon la condition de leur nature, Jacob
leur mettoit au devant choses de diverses couleurs opposites, comme blanc et
noir, pers et jaulne, rouge et vert, ou
semblables choses; et mesmement il pe-
loit d'ung lez les verges et bastons des
saulx ou aultres arbres, et, à l'aultre lez,
laissoit l'escorce, pour donner ymagina-
cion auxdictes brebis, moutons, en lui-
sant et saillant, affin que les portières,
en regardant la diversité, conceussent
faons et aigneaulx tachez, vairolez, ou
grivelez de diverses couleurs, et que,
par ce, il demourassent au prouffit dudict Jacob : dont par sa cautelle il fut
moult enrichi.

Juda, le filz dudict Jacob, duquel is-
sirent les roys d'Ysrael, fut bergier. Et
est vray que, quant il alloit faire tondre
ses brebis, en la saison, sa femme Thamar estoit reposée, ou chemin, en une
logette, et se estoit déguisée et descon-
gneue. Juda ne savoit pas que ce fust
Thamar sa femme ; toutesfois engendra-
il lors en elle deux enfans Pharès et Za-
ran. Et depuis qu'il sceut qu'il avoit esté
déceu, et qu'il avoit péché par manière
de fornication, il se repentit et ne voulut oncques puis retourner à ladicte
Thamar.

Ce faict est bien à noter pour les pasteurs, affin que ilz se gardent de fornication.

Moyses fust bergier et garda les brebis. Et après ce qu'il eut occis ung
Égyptien et l'eut caché ou sablon, il
s'en fouit en l'isle de Elcopoleos, et
trouva lors Sephora, fille de Jetro le
prestre de la loy, laquelle avoit besoing
d'ayde à abruver ses oeilles pour le
chault et pour la presse des pasteurs qui
estoient environ le pays, et Moyses luy

ayda à abruver ses bestes, et, depuis, la prit à femme. Moyses gardoit les oeilles quant il vit la flamme du buisson ardent, duquel il n'eut rien ars ne bruslé.

David gardoit les brebis quand il fut esleu pour aller combatre à Golias de Jeth, le fort géant, lequel il déconfist par la pierre qu'il jecta de la fonde, et, depuis, fut David roy d'Ysraël après Saül. Saül mesmes avoit gardé les bestes, et les asnes et les asnesses de son père, ainçois qu'il fust roy. Cyrus fut berger et garda les brebis; les pastoureaux en firent leur roy et venoient à luy aux jugemens. Et depuis fut-il roy de Perse et de Mède et destruit Babilone la grand : et fist moult de grandes proesses. Assez y pourroit - on mettre et assigner des exemples. Et par les dessusdictz est assez prouvé, attendu que tant de vaillans hommes furent bergers, que l'on doit bien faire et porter honneur aux loyaulx pasteurs et bergers entrans par le droit huys en la bergerie.

CHAPITRE IV

UICONQUES se veult entre-
mettre de l'art de bergerie,
il doit, sans enfraindre,
tenir, garder et maintenir
solennellement les reigles
qui cy après seront récitées générale-
ment : car elles sont convenables, nécessaires et prouffitables. Premièrement,
les aigniaux qui sont jeunes et tendres
doivent estre traictez amyablement et
sans violence : et ne les doit-on pas
férir ne chastier de verges, de bastons,
de corgies, ne d'autres manières de ba-
stures qui les puissent blecer ou froisser :
car ilz en descroistroient et seroient maigres et chétives. Mais, par introduction
et chastiement, les doit-on mener doul-

cement et amyablement. Item, quand les
aigniaux sont creuz et nourris, que ilz
peuvent souffrir discipline, ilz doivent
estre menez et corrigez par la houlette
de terre légière, ne on ne leur doit faire
moleste jusques à tant qu'il ont esté
tonduz la première fois. Et les doit-on
laisser faire et démener à leur volunté.
Et ainsi prennent-ilz amendement et
acroissement : car, par la légière corre‑
ction, se tournent à obéissance et à aller
partout où le bergier les veult mener et
conduire.

Les bestes antenoises, portières, brebis,
moutons, chastrez et toutes autres, doit-on
chastier et corriger des corgies de cuir
ou de cordelles menues, pource que au‑
cunes en y a si paresseuses que, de leur
gré, ne veulent yssir hors de l'estable. Si
advient souvent qu'il en convient tirer
aucunes hors par violence au crochet du
bout de la houlette, pour yssir et aller
devant. Et l'en fiert et bat les autres des
corgies, pour les esmouvoir et haster à
suyvir les autres, affin que tout le fouc
se parte de l'estable et isse hors ensem‑

ble, pour aller en pasturage, là où le bergier les veult mener.

Et ainsi par corgies et autres molestes, convient corriger et contraindre aucuns qui ne veulent recevoir discipline, ne eulx mettre à obéissance.

Item, quand les oeilles repairent de leurs pastis, mesmement ou temps d'esté, depuis May jusques en Septembre, le bergier ne les doit pas mettre ès estables incontinent. Mais les doit conduire tout le pas à grant loysir et les doit umbrager et refroidir soubz ung ourmel, ou tilleul, ou autre arbre spacieux, se aucuns en a près des estables et bergeries. Et sinon il y doit pourvoir par autre voye et manière convenable, pour l'aysement des bestes, pour remédier à leur chaleur. Le bon remède contre la chaleur des bestes, est de curer et nettoyer les estables et oster le fiens, pour refroidir les bestes et les tenir freschement. Et se c'estoit à la venue de prangiere vers midy ou heure de nonne, et le soleil jettoit ses rais par l'huys de la bergerie, le pasteur doit clorre l'huys et doit pour-

veoir d'eaue fresche et froide pour espandre et jetter à l'entrée de l'huys et ailleurs par l'estable, pour le lieu refraischir
et refroidir, pour donner tempérence
contre la chaleur aux bestes et oeilles,
qui de leur nature sont chauldes et sè-
ches.en complexion; par quoy la chaleur
est nuysant et contraire. Et, toutesfois,
soit tenu pour règle que, ou mois de
May, l'on ne doit pas curer les estables
des bergeries, pource que les humeurs,
qui lors yssent de la terre plus habondamment que en aultre saison, se mon-
tent aux parois et maisières des bergeries
et estables et engendrent corruption au
bercal, par maulvaise feteur et odeur,
plus que en aultre temps : car, en temps
d'hyver, la gelée et froidure dégaste
telles humeurs et feteurs, et ne peuvent
tant nuyre comme en May. Et la raison
est que la terre oeuvre lors ses conduictz
et jette les superfluitez de ses entrailles
plus habondàmment. Si est le meilleur
et plus expédient de laisser le fiens.ès
estables aux oeilles audict mois de May,
que de l'oster. Car l'humeur de la terre

qui engendre maulvais air et punaisie ès
estables, n'a pas si grand vertu quand
elle est couverte de fiens. Et la punaisie
engendre plusieurs maladies et grans inconvéniens aux bestes audict mois. Si y
fait bon obvier par laisser ledit fiens :
car la frescheur d'iceluy fiens n'est pas
si male ne périlieuse comme l'humeur
corrumpu de la terre des estables, par
les vapeurs qui lors yssent d'icelle terre,
comme dit est. Et, en tous aultres mois,
excepté ledict mois de May, l'on peult
et doit curer les estables, et en oster le
fiens en chascun mois, par deux fois ou
plus. Et qui plus le fait, mieux vault,
pource que plus sont les bestes tenues
et gouvernées nettement, et plus fructi-
fient.

Item, le pasteur doit eschever et obvier
de tout son povoir que ces bestes et
oeilles ne soyent mouillées en nul temps :
pource que la pluye est contraire et
nuysible aux oeilles et les fait descroistre
et empirer. Si s'en doit garder songneusement que elles ne voysent à la pluye et
que elles ne soient mouillées, excepté au

mois de May : car en May est bon que
les oeilles ayent de la pluye par avant
que elles soient tondues : pource que la
laine en est plus nette et meilleure à
tondre, et mieux vendable. Et aussi la
pluye qui chiet sur la laine avant la tonsure engendre aux oeilles le bon suin
qui leur garde le corps, et leur est moult
prouffitable pour lors. Mais autant que
ladicte pluye vault et prouffite aux
oeilles par avant la tonsure : de tant
plus assez leur est-elle nuysant et dommageable après la tonsure et en toutes
aultres saisons.

En tous temps doit le berger conduire
et raconduire son bestial et oeilles à leur
aisement et prouffit, et les doit garder
songneusement, choyer et défendre de
toutes les choses qui leur pourroient
porter dommage. Toutes ces reigles
doit garder chascun berger, et aulcunes
aultres qui sont bien nécessaires, convenables à ceste doctrine, et lesquelles
seront baillées cy ensuyvant en espécial.

CHAPITRE V

DE LA MANIÈRE DE COGNOISTRE LE TEMPS PAR LES OYSEAULX, ET DE SAVOIR DU BEAU TEMPS OU DE LA PLUYE

NÉCESSAIREMENT appartient et convient que le berger ayt cognoissance du temps : et pour avoir de ce aulcuns enseignemens, il doit avoir considération à plusieurs choses.

Des Estourneaulx

En temps d'hyver advient souvent que les estourneaulx se assemblent à grans tourbes et volent ensemble, et aulcunes fois se assient sur ung ourmel ou aultre grand arbre. Si doit le berger avoir regard comment les estourneaulx se partent de dessus l'ourmel : car quand ilz se partent tous ensemble à une volée, ce signifie grand froidure. Et se ilz partent par petites volées l'ung après l'aultre, ce est signe de pluye.

Du Héron

Quand le héron se liève de sa pasture et il se escrie hault au lever, ce est signe de fort et dur temps. Se il vole contre le vent de bise, ce signifie grand froidure. Se il vole contre le vent d'aval que les bergers appellent plungel, ce signifie pluye. Se le héron à son retour de son vol se rassiet près du lieu dont il est party, ce est signifiance que le temps des-

susdit est à advenir prochainement. Se
il vole et se rassiet loing de là où il se
leva, la mutation dudict temps sera dif-
férée et ne adviendra pas si tost.

De l'Aronde

Quand l'aronde vole bien hault et par
loisir à longs traictz, ce signifie pluye.
Et quand elle vole bas et hastivement
près de terre, ce est signe foison de pluye.
Et quand elle est en l'air, soy esbatant,
querant les mouchettes, ce signifie beau
temps.

Du Huas

Le huas, que l'on appelle escoufle, est
ung oyseau qui a manière et coustume
de siffler et crier en l'air, et ce peult
estre pour deux causes. L'une est quand
il a faim : et lors crie-il et siffle plus
aigrement. L'autre cause est à quoy le
berger doit avoir considération, qui fait
au significat du temps. Car quand il crie
plus bassement et molement, en disant :
huy, huy, huy, il annonce la pluye.

De l'Espec

De l'oyseau que l'on nomme l'espec ou pyvart, peult-on faire semblable jugement, comme il est dict de l'escoufle ou huas : car il crie et hannist forment quand il doit plouvoir.

De la Verdière

Toutesfois que la verdière met à point ses plumes et les applanoye de son bec, ce est vray signe de pluye. Ceste signification est souvent esprouvée par les bergers qui ont regard audict oyseau. Et est appelée verdière, pour la couleur de ses plumes, dont plusieurs sont de verte couleur.

Du Butor

Ung aultre oyseau y a que l'on nomme butor : aulcuns l'appellent *bruitor*. Il a long bec et agu, et habite ès mares et ès prez : sur les rivières, ainsi que fait le

héron, et ne chante fors que en temps
d'esté, et est sa voix oye de bien loing.
Quand il doit faire beau temps il chante
haultement et donne si grand son et tel
bondissement de sa voix, que, par nuyt,
on le pourroit oyr de plus de demye lieue
loing. Et quand il doit plouvoir, il chante
plus bas et plus lentement et ne rent pas
si grand son.

De la Pye

La pye, que aulcuns nomment agache,
est moult malicieuse, et en pronostica-
tions est une droicte sebille ; mais chascun
berger n'entend pas son langaige ; aulcunesfois par sa criée annonce-elle le beau
temps et aulcunes fois la pluye. Et combien que elle soit assez tricheresse, toutesfois principallement quand elle brait et
agache et crie souvent et continuellement et se tient près des hayes ou buis-
sons, en demenant sa noise, ce signifie
qu'il y a loup, ou regnart, ou aulcune
male beste, assez près.

De la Corneille

La corneille annonce souvent la pluye
par son cry, auquel cry le subtil berger
doit avoir regard, car il se diffère en
aulcuns motz. Et aulcunesfois, au matin,
quand il doit plouvoir, elle prononce une
manière de cry et semble que elle die :
glaras, glaras : et ce signifie pluye ; mesmement quand il est prononcé par la corneille bise que l'on nomme faissie ; et vient
toùsjours contre l'hyver temps, quand
les arondes se partent de ceste région.
Et aussi s'en départ et s'en va mucier et
respondre, quand les arondes viennent,
en la nouvelle saison, qui commence à
l'entrée d'Avril. Ces oyseaulx et plusieurs
aultres qui volent en l'air, savent du
temps par la divine pourveance. Et aussi
voit-on que les coulons s'en retournent
moult roidement à leur coulombier. Et
quand il viennent ainsi volant en grand
haste, ce signifie tempeste ou grosse
pluye advenir prochainement. Si doit le
berger considérer diligemment les choses

dessusdictes et assez d'aultres qu'il peult apprendre pour savoir de l'estat du temps, pour le gouvernement de son bestial.

CHAPITRE VI

DE COGNOISTRE LE TEMPS PAR LES BESTES

ENCORE pour cognoistre le temps avec ce que dict est des oyseaulx, convient-il que le berger sache de l'augur des bestes par certains signes.

Premièrement du mouton. Chascun

berger ou pastoureau gardant fouc
d'oeilles, doit avoir ung mouton débo-
naire et assoté, auquel il donne de son
pain : lequel mouton, par mignotise et
pour estre mieux cogneu entre les aultres, porte une sonnette ou petite clochette de laton à son col : pourquoy en
Brie il est appelé le sonnaillier, et en
aulcuns aultres pays est nommé clocle-
man. Celuy mouton de sa nature cognoist partie de prenostique ou de augur
du beau temps ou de la pluye : car,
quand il doit faire beau temps, il se liève
premier et vient premier à l'huys de
l'estable pour yssir hors et aler en pas-
turaige. Quand il doit plouvoir et faire
laid temps, il se tient par derrière les
aultres, et monstre, à sa contenance, qu'il
n'ayt pas volunté d'yssir. Et, au soir,
quand il vient en l'estable et il doit faire
froidure, il hérice sa laine et se esqueult,
tellement que on l'entend bien au son
de la petite clochette. Aulcuns dient que
quand le chat liève son visage et lesche
ses piedz de sa langue, se il met son pied
par dessus l'oreille, ce signifie pluye.

Mais de si orde beste ne doit-on pas
parler en ceste partie, car par moult
d'aultres peult-on avoir enseignement.
Les chevaulx, les jumens, les asnes et
asnesses qui portent le charbon, le fruict
et aultres petites denrées aux pauvres
gens, trepent et regibent quand les mouches ou les guèpes les poingnent et pi-
quent, et ceulx qui les meinent souloient
dire que ce sont signes de pluye et de
mutation de temps.

Par meilleures et plus subtilles raisons
peult le berger cognoistre du temps, par
ce que il convient que chascun jour, en
temps convenable, il voyse sur les champs
mener ses oeilles en pasture. Et quand
Phebus qui, par sa clarté, enlumine tout
le monde, se démonstre au matin ès parties d'Orient, le berger le voit tournier
et aler tout le jour par son sercle, en
faisant son mouvement, en soy eslevant
vers midy, que aulcuns appellent auster,
et puis descendre petit à petit jusques en
Occident. Et, en faisant tel chemin en
nostre emyspère, est mené en moult

noble et moult riche char, attelé de
quatre grans et puissans destriers, de si
très-grand valeur que nulz hommes mor-
telz ne les pourroient extimer. L'ung de
ces nobles chevaulx qui mainent le soleil
est nommé Eoüs et vient devant droit à
l'aube du jour, jusques environ heure de
tierce. Et pource que ces beaulx chevaulx se monstrent de plusieurs couleurs,
le berger doit considérer que se Eoüs
appert vermeil et ardant au matin, ce signifie pluye et mutation de temps. Et
quand il se monstre plus blanc, ce est
signe de beau jour. Et les pélerins qui
cheminent en font feste, quand ilz le
voient. Après, vient l'aultre cheval qui
est nommé Ethoüs : lequel fait son service au soleil environ heure de midy. Et
quand il se monstre de pale couleur, ce
est bon signe de beau jour. Et, après
midy, sort le tiers cheval attelé au noble
char du soleil, lequel cheval est appelé
Pyroüs. Et, en son venir, voit-on flam-
boyer et estinceller les gros yeulx re-
luysans de celuy Pyroüs : tellement que
veue de créature humaine ne le pourroit

longuement regarder. Lors ne volent pas
les chauves souris : car elles ne pourroient
soustenir ne endurer si très-grand et
noble lumière, qui si espant à l'advène-
ment des rais du soleil, qui ainsi suit son
cours. Et quand ces deux chevaulx sont
trop chaux et ardans : c'est-à-dire :
Ethoüs et Pyroüs, par leur puissance et
chaleur, il attraient les vapeurs de la
terre et de l'eaue et les font monter en
l'air. Et se ces vapeurs ainsi eslevées ne
sont dégastées par aulcunes fumées : elles
se assemblent et tournent en nuées qui
se forment des parcelles d'icelles vapeurs.
Lesquelles nuées de leur nature tendent
à descendre et retourner ou centre. Et
aulcunesfois lesdictes nuées sont muées
en pluye, et aulcunesfois en vens, aulcunesfois en neige, et aulcunesfois en
grésil, selon la disposition des temps. Et
ainsi peut voir le berger que par trop
grand ferveur et chaleur des chevaulx
dessusdictz, vient la mutation du temps.
Or disons du quatriesme cheval que l'on
appelle Phylogeüs : lequel fait son office
en descendant ledict char du Soleil.

Celuy Phylogeüs tent voluntiers vers les eaues, car il sort contre le vespre. A luy et à celuy du matin doit le berger prendre son augurement, cognoistre du temps. Et la raison est que quand le soleil au matin est vermeil ou trop ardant, ce signifie pluye et lait temps. S'il est blanc, ce signifie beau temps, comme dict est. Au vespre, quand Phylogeüs se va abbruver et mène le noble char du soleil en l'eaue, ou quand il est trop blanc ou pale au coucher et est environné de nuées noires ou perses, tout ce signifie pluye par nuyt ou au lendemain. Et lors ce Phylogeüs en Occident est assez vermeil et l'air purgié de nuées, ce signifie beau temps. Et le proverbe commun que l'on souloie dire vulgairement et est tel : *Rouge vespre et blanc matin font esjouyr le pélerin,* se concorde assez à l'exemple que le berger doit prendre ès chevaulx dessusdictz. Et ceste doctrine est plus brave et plus notable assez que celle des oyseaulx ne des bestes. Et se le berger cognoissoit les corps du ciel et la cause des influences des signes et des planètes, ce luy seroit grand avantage pour avoir cognoissance de ces choses; car, par les corps du ciel est causée et faicte toute la mutation des temps qui est faicte ès élémens. Si s'en taira Jehan de Brie : et toutesfois est-il si sage que pour certain il cognoist bien le four des estoilles.

CHAPITRE VII

DE LA CONSIDÉRATION DES VENS ET LES-QUELS SONT PROUFFITABLES.

ES vens doit savoir le berger pour deux causes. L'une est pour la cognoissance du temps dont dessus est parlé, pource que aulcuns vens sont plus enclins à la pluye que les aultres. L'aultre raison est pource que aul-

cuns vens sont nuysans et dommageables
aux oeilles, et les aultres non.

Les vens, selon les charnières et les
quatre climas du monde, sont divisez en
quatre parties : en Orient, en Occident,
en Midy et en Septemtrion. Et pource
que le soleil ne fait pas tousjours son
Orient en ung mesme lieu, ne aussi ne
fait-il son Occident. Car en temps équinoctial : comme en Mars que le soleil
est ou signe de mouton, et en Septembre
que il est ou signe de la livre, que aulcuns nomment balance, le Orient et l'Occident du soleil sont directement opposites en regard et à droicte ligne. Et lors
pourroit-on faire les quatre parties égalles
l'une à l'aultre et justement proporcion-
nées durant le temps de l'équinoce.
Aultre fois, en temps d'esté, quand le soleil est ou signe de l'éscrevice, il fait son
Orient plus vers Septentrion. Et aussi
fait-il son Occident et tournoye et gire
plus grand partie de nostre emyspère,
et est lors appelé Orient solsticial. Aultre
fois, en temps d'hyver, fait son Orient au
signe de Capricorne, et se trait plus

vers midy, et lors tourne moins : car il
ne gire, ne va pas si hault, ne prent tant
de la partie dudict emyspère ou semy-
spère, et adonc est appelé Orient yver-
nage. Le vent qui vient vers nous du
droict Orient équinoctial, est appelé sub-
solain : les Gréjois l'appellent *Aphelotes*.
De l'Orient solsticial yst ung vent que
les Latins ne savent nommer. Les Gréjoys l'appellent *Eurus*. De l'Orient d'hyver yst un vent que les Latins appellent
Vultur. De devers l'Occident équinoctial
yst ung vent nommé *Favonius*, que
aultres appellent *Zephirus*. De l'Occident solsticial vient ung vent qui est
appelé *Chorus*. De l'Occident d'hyver yst
un vent nommé *Affricus*, qui en son
temps est moult forsené et puissant, et
les Gréjoys l'appellent *Lybs*. De devers
l'aixeul de midy vient ung vent nommé
Euronochus. Après, de la partie devers
Midy, vient *Euroauster*. Et puis ung
aultre qui a nom *Auster*. Du costé de
Septentrion vient *Aquilo*, que aulcuns
appellent *Galerne :* et de là vient *Nothus*.
Et de là en tirant vers Orient solsticial,

vient *Boreas,* ung vent plein de froidure.
Avec ces vens en y a aulcuns aultres
nommez en la mapemonde.

Aultrement, pour mieulx entendre,
les peult diviser en quatre parties : et,
en chascune partie, troys vens en équi-
pollant les Oriens et les Occidens, tant
de l'équinoce, comme de esté, d'hyver,
et des aultres saisons. Entre Orient et
Midy naissent trois vens : *Eurus, Sub-
solanus,* et *Vulturus.* Entre Midy et
Occident, naissent trois aultres : *Euroauster, Auster et Euronochus.* Entre
Occident et Septentrion naissent trois
aultres vens : *Affricus, Favonius* et
Chorus. Entre Septentrion et Orient
naissent trois aultres : *Notus, Aquillo* et
Boreas. Les marinières et aulcuns aultres
devers le costé de Normandie, en nomment quatre vens principaulx : c'est
assavoir : *Nort, Ouést, Eth* et *Sut.* Les
bergers les appellent : vent d'amont,
vent d'aval, vent de bise, vent de escorche
vel, vent de France, vent de galerne, et
ainsi qu'il leur plaist. Et pource que ques-
tion de langaiges est réputée de petit pris

et de petite valeur, et que, par incidens, on pourroit yssir hors de matière de la bergerie, on lerra chascun nommer les ungs par tel langaige qu'il vouldra. Et Jehan de Brie retournera à son droit et principal propos, et en procédant dira des propriétez d'aulcuns vens ce qui en affiert à ce présent traicté, et lesquelz sont prouffitables ou dommageables aux brebis.

CHAPITRE VIII

DE LA VIE DU BERGER ET DES CHOSES
QUI LUI AFFIÈRENT

En ceste partie commence le droit art et manière de garder les brebis. Et pource que le berger est plus digne que les brebis, et on doit commencer au plus digne, selon raison, et le droit ordre de procéder, dirons de l'estat du berger et de ses choses. Le berger doit estre de bonnes meurs et doit eschever la taverne et le bordeau, et tous lieux déshonnestes, et doit aussi eschever tous jeux, excepté le jeu des merelles et du baston, et ne doit point jouer aux dez : mais doit mener son jeu des merelles à traire subtilement contre son compaignon. Item, le berger doit estre de bonne vie, sobre, chaste et débonnaire, tout aussi comme Sainct Paul escrit à Tite en ses épistres. Et doit estre loyal et diligent sur la cure des oeilles et brebis à luy commises, affin qu'il en puist faire bonne garde et prouffitable.

Le berger doit avoir chausses de blanchet gros, ou de camelin, et soulliers bobelinez et taconnez de fort cuyr et, en yver temps, par dessus ses chausses, doit avoir vuagues de cuyr des buhos d'ung vieulx houseaulx pour la pluye. Il doit estre garny de tacons et de semeles de fort cuyr, bien pourpointez de gros fil de chanvre bien cyré de cire

blanche, poix rasine, et de suif, pour plus
durer. Et doit savoir asseoir ses tacons
ou semeles en ses bobélins par dessoubz
le buisson, quant besoing en est. La chemise et les brayes du berger doivent estre
de grosse toille et forte, que l'on appelle
canevas. Et la brayette doit estre de fil
tissu de deux dois de large à deux bou-
cles rondes de fer. La façon de la chemise doit estre fendue par devant à deux
poinctes, et les deux pans de devant
doivent estre amples et longs en la
manière d'ung pennoncel agu, affin qu'il
y puist mettre et enveloper son argent
et nouer le pan au droit neu. Et sur la
chemise doit avoir ung coteron de blanchet ou de gris camelin sans manches :
lequel coteron doit estre double par
devant depuis les espaulles jusques à la
ceinture, pour garder sa fourcelle et son
estomach des vens et tempestes, et pour
champaier plus seurement après ses brebis, car elles sont de telle nature, que
voluntiers vont contre vent. Et pour ce
doit estre ledit coteron double par
devant. Et sur le coteron doit avoir une

cote de blanchet ou de camelin gris à
deux poinctes, l'une par devant, l'aultre
par derrière et à manches, et si large et
ample qu'il y puist entrer aysément
sans boutons : car il ne lui affiert pas à
avoir boutonneures laches ou aultres
empeschemens qui le puissent nuyre au
vestir : mais y doit entrer de plain
comme en ung sac, ou en la tunique
Aaron. Et par dessus la cote doit avoir
ung surplis de fort treslis à manches à
quatre noyaux ou boutons, de la façon
mesme de la coste. Ce surplis garde le
berger de la pluye, et aulcunesfois
convient-il que il le despouille pour
enveloper l'aigneau, quand il est faonné
aux champs. Par dessus son surplis doit
avoir une grosse ceinture de corde menue
et forte, faicte par manière de tresce en
trois cordons à une boulle de fer ronde.
Et à celle ceinture doit pendre et avoir
plusieurs choses.

Premièrement, et pour honneur, y doit
prendre la boiste à l'ongnement en ung
estuy de cuyr. Et est bien à noter que
le bon berger ne doit non plus estre

trouvé sans la boiste à l'ongnement, que
le notaire doit estre sans escriptoire :
car ce est le plus notable et nécessaire
de ses instrumens et oultilz. Avec ce
doit-il avoir ung canivet ou coutel agu,
pour picoter et oster la rongne des brebis, affin que l'ongnement y puisse
mieulx entrer et que la brebis soit plus
tost guarie. Aussi convient-il que il porte
ung cyseaux pour couper et aonnier la
laine de la brebis par dessus la rongne.
Le berger doit porter alesne à coudre
soulliers, bobelins, semelles et tacons :
laquelle alesne doit estre en ung instru-
ment de fust pour bouter le fer de
l'alesne jusques au meilleu du manche,
et par dessoubz le doit attacher d'ung
noyau ou d'ung anneau de cuyr pour
mieulx fermer. Item, à celle ceinture doit
porter un aguillier à mettre ses aguilles
quarrées et rondes. Lequel aguillier est
de l'oz de la cuysse d'une oue, menu et
longuet, ou de l'oz d'ung pied d'aignelet,
et estre mis et attaché avecques le pendant de l'alesne. Encore doit le berger
avoir boisset ou coutel à forte alemele à

trencher son pain, à manche de deux pièces plates de tylleul ou d'aultre tendre bois, et le manche doit estre lyé tout au long d'une menue cordelete de fil bien curée, pour le mieulx tenir et pour estre plus fort. Et la gaine du coutel doit estre d'une vieille savate de l'empigne d'ung soullier vieulx, de vache, bien couseue et faicte par le berger à la mesure ou quantité dudit coutel. Celle gayne doit estre pendue à la ceinture d'une cordelle de gros fil de chanvre ou d'une vieille lanière renouée.

Après doit pendre à la ceinture ung guyteau ou fourreau, de vieulx cuyr mesgissié ou du cuyr de la peau d'une anguille, pour mettre les flaiaux du berger, lequel fourreau doit estre de la quantité des flaiaux. Et, par dessus toutes ces choses devant dictes, le berger doit porter et ceindre sa panetière pour mettre le pain pour luy et son chien. La panetière doit estre de cordelle trelliée et nouée au droit neu, en manière de la harace au potier de terre. Et celle panetière doit estre attachée au senestre costé

du berger, car il ne doit point empescher
son dextre costé, affin que plus preste-
ment il puisse tondre, recoper, oindre,
seigner ou besongner sur les brebis, se
mestier est. A la panetière doit estre
attachée une cordelle de une toyse et
demye de long, que l'on appelle la laisse
du chien, et doit estre redoublée jusques
au point de la panetière, et au meilleu
doit avoir un cuyret avec un petit bignet
de bois pour attacher le chien et pour
le destacher et envoyer tost et délivre-
ment contre les loups ou aultres males
bestes qui vouldroient meffaire aux
brebis.

Le chien du berger doit estre ung
grand mastin fort et quarré, à grosse
teste, et doit avoir entour du col ung
collier armé de crampons de fer aguz,
ou de clous longs et aguz, boutez parmy
le fort collier de cuyr à plates testes, et
aulcuns en y a qui ont colliers de pla-
taines de fer fermans à charniers pour
résister aux loups sur les champs, ou
aux larrons, se aulcuns en venoient par
nuict aux herbergeries, là où les brebis

sont emparchées. Et aussi, pour l'armeure du collier, le mastin est plus hardy et plus animé, et ne seroit pas si tost estranglé des loups, car il en a plus grand deffense contre eulx. Ce mastin suyt le berger et luy tient bonne compaignie quant il menge son pain, quoy qu'il soit de la deffense : car tel est amy à la despense qui ne l'est pas à la deffense. Quand le berger a un bon mastin loyal et hardy, il est très-prouffitable à la garde des brebis.

Le berger est aussi noblement paré de sa houlette selon son estat de berger, comme seroit ung évesque ou ung abbé de sa croce, ou comme ung bon homme d'armes est bien acésiné et asseuré quand il a ung bon glaive pour la guerre. Combien que l'on ne doit pas faire comparaison de telles choses : car elles ne sont pas pareilles de trop loing. Et jaçoit que la croce du prélat soit de plus grant dignité et de plus grant honneur que le glaive, ne que la houlette, et que il ayt différence, considérées les choses à considérer selon l'estat des personnes :

néantmoins il y a bonne et ydoine con-
vénience, car, selon Dieu, qui est le plus
grant, il se doit humilier et soy faire
comme le plus petit quant est à humilité, et selon la doctrine de l'Évangile,
non pas par tout. Et ces troys choses, la
croce, le glaive et la houlette représen-
tent troys estatz en ce monde.

La croce est tenue de nous enseigner
et corriger espirituellement sans lance et
sans espée, et de prier et supplier humblement à Dieu pour nous, c'est-à-dire
pour le glaive et pour la houlette.

Le glaive doit défendre, par sa puissance temporelle et corporelle, la croce
et la houlette, de tous les adversaires qui
contre raison les vouldroient inquiéter
et molester indeuement.

La houlette, qui en ceste partie peult
et doit estre comparée à la bèche dont
l'en fent et laboure la terre, doit curer
au prouffit de la croce et du glaive, à ce
qu'il leur puist livrer et administrer alimens et nourriture, du prouffit de son
labeur et de sa garde.

Ainsi peult apparoir qu'il y a convé-

nience et qu'ils conviennent l'ung avec
l'autre, pour soustenir le bien publique
chascun en son degré. Pour ce est la
houlette convenable au berger, aussi
comme la croce au prélat, et le glaive ou
l'espée à l'homme d'armes, c'est-à-dire à
la seigneurie temporelle qui est en puissance de espée.

Et se les troys veullent faire chascun
son devoir, tout est bon et en tous
estatz : car, aux champs, à la ville, au
moustier, se entreaydent de leur mestier.

La houlette est ferrée d'ung long fer
concave en aguisant, et la bouterole où
l'en met et fiche le manche long et
ront, doit estre bien clère et burnie de
terre légière : ou elle est souvent bou-
tée pour chastier les brebis et aigneaux. La hante de la houlette doit
estre de nefflier, ou d'aultre bois dur
et ferme. Au premier bout de la hante
ou baston doit estre le fer dessusdict
concave et un peu courbe pour coper et
houler la terre légère sur les brebis : car
de houler est-elle dicte houlette. A l'au-

tre bout de dessoubz doit estre ung crochet de fust, de la nature et essence du
bois du manche mesmes, qui tel le peult
trouver, et si non, si soit faict le crochet
par adicion d'ung trou ou d'une che-
ville de estrange bois. Par ce crochet du
bout de la houlette sont prises, tenues
et acrochées les brebis et les aigneaux,
pour visiter s'il y a rongne pour oingdre, pour seigner et mettre à obéissance,
et pour y pourveoir de remède.

Avec la houlette convient-il que le
bergier ait baston et que il ait corgées
de trois lanières de cuyr ou de trois cor-
deles menues, pour corriger et chastier
les brebis en temps deu : car 'grans
biens et grans proffitz viennent de la
bonne correction.

Il affiert au bergier que il soit affublé
d'ung grant chappeau de feutre rond et
bien large. Et par devant, sur le chef,
doit estre redoublé de plaine paume ou
plus. Le redoublement est nécessaire
pour deux choses. L'une pour défendre
le berger de la pluye et mal temps,
quand il va contre vent après ses bre-

bis. L'aultre pour le proffit de son maître de qui sont les bestes. Car toutesfois qu'il convient que le berger fasse oincture sur ses brebis, quant aulcunes en y a de rongneuses aux champs, et il faict tonsure de ses cyseaux pour descouvrir la laine, pour attaindre la rongne, il met les recoupes de la laine et les tonsures au ploy et redouble de son chappeau, et les doit porter et rendre à son maître à l'hostel : car il est tenu de faire et garder le proffit de son maistre, en faisant son office de bergier. D'aultre part, ledict chappeau est moult proffitable et ydoine au berger, tant pour obvier à la pluye, vens et tempestes des temps, comme pour la garde de son chef. Et est droit estat de pasteur, de porter grant chappeau et rond.

Mais il y a différence entre les chappeaux des prélatz et les chappeaux des bergers. En ce que les chappeaux des prélatz sont de plus chère chose que n'est le feutre, et, aussi, ne sont-ilz point reploiez ne redoublez par devant. Et peult estre que ce est pource que ilz

ne veullent pas reporter aulcun prouffit
à leur maistre qui les a commis au gouvernement où ilz sont : car les prélatz
tondent et prennent voluntiers et re-
tiennent tout le prouffit pour eulx-
mesmes, comme l'on dit.

En yver temps, affiert au berger, que
il ayt moufles pour garder ses mains de
la froidure. Lesquelles moufles il ne
doit pas acheter, mais les doit faire de
sa science ou à l'aiguille en laschant de
fil de laine filé de main de bergerette,
ainsi comme l'on faict les aumuces, ou
il les doit faire de plusieurs pièces de
draps et de plusieurs couleurs que le
berger quiert à son avantage. Et quant
elles sont eschequetées, elles en sont
assez plus jolies. Et quant il ne faict
pas trop froit, ou quand il convient que
le berger face besongne de ses mains, il
doit pendre ses moufles à une billette à
sa ceinture dessus devisée.

Des instrumens doit avoir le berger,
avec ses flaiaux, pour soy esbatre en
mélodie. C'est assavoir, fretel, estyve,

douçaine, musette d'Alemaigne, ou
autre musette que l'en nomme che-
vrette, chascun selon son engin et subti-
lité. Et puis que le berger est ainsi
armé de toutes les pièces dessusdictes,
afférans à son mestier, il peult cham-
payer seurement, la houlette en la main,
en gardant ses brebis.

CHAPITRE IX

DE LA GARDE DES MOUTONS POUR TOUTES LES SAISONS DE L'AN : ET PREMIER, DU MOYS DE JANVIER

R dirons proprement de la garde des brebis et par ordre en chascune saison, en commençant au moys de Janvier, pource que Janvier est le premier moys et l'entrée de l'an, selon le kalendier.

Du moys de Janvier sont les brebis portières moult griefves et pesantes des aigneaux et faons qui sont en leurs ventres. Et aulcunes aignelent et faonnent oudict moys, quand elles ont esté luites et saillies en Aoust : car, aussi comme des fruictz, les unes sont plus hastives que les aultres.

Et encontre ce, la pourveance divine y a mis bon et convenable remède : car, audit moys, les loups suyvent les louves et vont après elles pour faire leur cohit, et, par ce, se oublient en ce moys, et ainsi ne font point de dommage aux brebis. Car sé ne fust l'empeschement qu'ilz ont lors de poursuir leur chaleur et de continuer avec les louves, ils effondreroient les ventres des brebis pour avoir les aigneaux. Mais Dieu ne le veult pas, qui ainsi y a pourveu par sa grace.

Au moys de Janvier se doit le berger lever moult matin et, si tost qu'il voit le jour, se doit desjeuner et menger du pain et du potage qui est demouré et gardé du soir du jour de devant. Et bien matin, doit mener les bestes aux champs se il n'y a empeschement de pluye ou de blanche gelée.

Dudit moys de Janvier, les brebis portières qui ont esté saillies du Septembre précédent, approchent le temps de faonner sur le Febvrier. Et pour ce, doit-on eschever de les mener aux champs, à la blanche gelée, pour le péril et inconvénient qui en ensuit. Pource que la blanche gelée faict mourir les aigneaux ès ventres des mères, et faict les brebis abortir, et les petitz aigneletz ainsi mors sont nommez avortons.

Et se le berger est jeune et ne soit pas encore instruict suffisamment en ceste science, il se doit adviser que il face à l'exemple et à la semblance des aultres bergers de la ville où il demeure, ou des aultres villes voysines, avec lesquelz il doit converser et de eulx apprendre l'art et usage, car en apprenant devient-on maistre.

CHAPITRE X

Au moys de Febvrier doit le berger lever bien matin devant le jour, pour affourager ses bestes portières de feurre de bled pour les réconforter. Et pource que en Febvrier faict communément noire gelée, le pasteur doit mettre ses bestes aux champs

bien matin. Car la noire gelée essuye
l'herbe, et adoncques les bestes paissent
voluntiers, et l'herbe ainsi essuée leur
est moult proffitable : et s'il advenoit
que par jour survinst rousée, ou pluye,
ou dégel, dont les herbes fussent mouillées, le berger doit donner à ses brebis,
au soir, du fourrage de favatz de fèves
et non pas de celuy de pois : car le fourrage de fèves est sec, et celuy des pois
est moiste.

Audict moys de Febvrier, le berger
ne doit point porter de houlette, car il
n'en est besoing, pource que les brebis
portières sont griefves et prestes à faonner. Si ne doit pas jetter terre sur les
brebis ne les batre de corgées, qu'il ne
les froisse ou blesse, et de son povoir
doit garder qu'il ne nuyse aux bestes ne
aux faons. En lieu de houlette doit avoir
et porter ung crochet de couldre, pour
prendre ses bestes par le pied, s'il en y a
aulcunes qu'il vueille oingdre ou luy
faire quelque chose nécessaire au mestier. Et, pour chasser ses brebis, doit
porter une vergette de saulx déliée, à

troys cyons, dont il les fiert, en lieu de corgées, pour moins blecer les brebis.

Audict moys le berger ne se doit point seoir, ne point esloigner de ses bestes, mais doit estre curieux de ses bestes et avoir l'œil sur elles moult entativement : affin que se aulcune faonnoit, ou aigneloit aux champs, qu'il y puist secourir et ayder incontinent, comme il affiert. Car, par la coulpe et défault des mauvais et nices bergers, plusieurs aigneletz faonnez aux champs ont esté mengez des corbeaux, des huas, et des corneilles, ou dommagé du maistre. Au soir, quant le berger revient du pasturage, il doit ramener ses bestes le petit pas, tout doulcement, sans travailler, et les doit establer spacieusement : car, audict mois de Febvrier, est moult proffitable chose quant celuy bestial est au large. Et quand le berger veult aller coucher, il doit visiter ses brebis, et les faire lever : car le trop gésir en ce temps leur pourroit nuyre pour les faons qui sont en leurs ventres. Et doit estre si très-curieux que il ne doit dormir seu-

rement, se il ne sent son fouc en bon
estat et convenable. Et en ce temps doit
laisser les huis et fenestres des establés
ouvertes, quand le vent de bise vente,
pour y recevoir ledict vent de bise : car
il vault et proffite aux brebis en ce
temps. Et se autres vens ventoient, le
berger doit estouper les fenestres et
clore les huys des bergeries : pource
que lors nul aultre vent n'y proffite que
celuy de bise.

Si tost comme la brebis aignèle ou
faonne, le berger doit estre tout prest
pour présenter l'aigneau devant sa mère,
affin que par elle soit nettoyé et conréé,
selon l'introduction de nature. Et quant
l'aigneau est nettoyé, on doit prendre
la brebis et la coucher sur le dextre
costé emprès l'aigneau, si que il puist
prendre le pis qui est la mamelle de
sa mère et succer du laict pour sa
nourriture. Et lors le berger doit plumer et oster de la laine du pis de la
mère au lez par devers le ventre. Et ne
doit pas plumer par derrière, pour ce
que la gelée et la froidure dudict moys

de Febvrier feroit grant mal à la brebis.

Et, avec ce, le berger doit prendre le pis de la brebis et espraindre par ses doigs deux ou trois goutes du premier laict de chascune broce de la mamelle, et laisser couler sur terre, ainçois que l'aignelet en gouste. Car ces premières goutes de laict sont nommées bet et ne sont pas saines. Car si l'aignelet le goustoit, il pourroit encourir une maladie que l'en appelle l'affilée, de laquelle les aigneaux meurent et périssent souventesfois. Et de celle maladie et d'aultres sera dict ès chapitres des maladies et des cures et remèdes. Et pendant ce que on veult guarir l'aignel du mal de l'affilée, l'en ne doit pas tirer ne traire le laict du pis à la mère de l'aigneau, mais s'en doit garder par deux jours du moins, affin que le laict de la brebis décroisse. Car, par la grand habondance du laict en la nouvelleté, après ce que la brebis a faonné, vient le bet en la mamelle de la beste, lequel bet est de grosse nature et de grosses humeurs : et pour ce, est périlleux à l'aignelet et à sa nourriture.

Et quand le laict de la brebis est ainsi purgé par deux jours et est plus valable, l'en doit prendre l'aignelet et remettre à sa propre mère. Et lors doit-il demourer et gésir avec la mère par quinze jours et quinze nuictz continuellement et non plus, sans oster ne séparer d'avec la mère. Et est à noter que, se l'aigneau demouroit avec sa mère plus de quinze jours sans l'oster, et il mouroit en celle demeure : ce seroit la coulpe dudict berger, et seroit tenu au rendre et restituer à son maistre. Car chascun berger doit savoir que la longue demeure de plus de quinze jours avec la mère souloie engendrer communément aux aigneaux une maladie que l'on appelle le pousset : dont les aigneaux meurent souvent. Et n'y a que peu ou néant de remède contre celle maladie du pousset.

Et, pour y obvier, le berger doit oster les aigneaux d'avec les mères quant ilz y ont esté par quinze jours, comme dict est, et les doit establer et mettre en ung toict ou estable tout par eulx. Et chascun matin les doit laisser alaicter leurs mères, ainçoys qu'ilz voisent aux champs.

Et quand les brebis reviennent des champs au soir, le berger les doit laisser reposer, ainçois qu'il leur baille leurs aigneaux pour alaicter. Pource que, quant les brebis sont travaillées, leur laict est chault et batant : et n'est pas bien attrempé pour les aigneaux. Car aucunesfois, pour alaicter les mères lassées, vient aux aigneaux une maladie que l'en appelle le bouchet, de laquelle yceulx aigneaux meurent souvent.

Et après que les aigneaux sont séparez et ostez d'avec leurs mères, quant ilz y ont esté la première quinzaine, et qu'ilz sont mis et establez tout par eulx : en aultre quinzaine ensuyvant, ilz ne doivent menger aultre chose que du laict de leurs mères seulement. Et, ainsi que dict est, doivent estre gouvernez et gardez par ung moys entier, sans ce que il mengent que pur laict. Du surplus de la garde et de nourriture des aigneaux sera dict ès moys ensuyvantz.

CHAPITRE XI

DU MOYS DE MARS

U mois de Mars, le berger doit avoir grand considération, aviser en quelz pastis il maine ses brebis. Pource que lors la terre jette ses vapeurs, et les grosses herbes commencent à croistre et yssir de terre, mesmement une male herbe que l'on nomme bouveraude : et est de maulvaise digestion, et moult nuysant aux brebis, ou guoitron de leur gorge : car, si tost comme les brebis ont gouté de la bouveraude, il convient que le berger soit tout prest pour les ayder et secourir, et incontinent leur fault du sel en la bouche, pour donner occasion de boire, pour digérer et avaler l'amertume de la bouveraude.

Le bon pasteur se doit garder souverainement de conduire ses bestes en pasture, audict moys de Mars, en lieux marescageux, bas et moistes. Car lors naist et croist ès palus une herbe trèspérilleuse, à une petite fueillette ronde et bien verte, que l'on appelle dauve, laquelle les brebis convoitent moult à menger, mais elle leur est trop nuysant et dommageuse : car, si tost que les brebis en ont gousté et l'ont avalé en leurs entrailles, la dauve est de telle nature, qu'elle demeure et se adhert au foye de la brebis ou aultre oeille. Et celle male herbe ne remonte plus, ne revient à runge à la gorge de la beste, comme font

aultres herbes. Mais, de celle dauve par
sa corruption sur le foye sont engendrez
une manière de vers qui par pourriture
ont vie et mengent et corrompent tout
le foye de la beste : dont elle est mise à
mort par l'infection de ladicte male
herbe nommée dauve. Et après ce que
la brebis l'a reçeu et mengé, on s'en
peult appercevoir à ce que elle boit plus
souvent et plus habondamment que
quand elle est saine. Et se peult celle
maladie des dauves tapir et latiter ès
brebis ung an ou plus : mais, en la fin,
convient-il que elles en meurent. Car la
dauve destruict le foye, et le foye est ung
des trois membres principaulx où la vie
gist, après le cueur et le cerveau : et par
ce, la brebis endauvée ne peult vivre. Si
doit bien doncques le berger eschever
que il ne conduise ses brebis près des
lieux et marescages, esquelz croist et
règne ladicte dauve, par tout le temps
d'esté.

Et quant au gouvernement et garde
des aigniaulx audit mois de Mars : quand
les aigniaulx ont ung mois passé, qu'ilz

commencent à croistre, et leurs membres se forment, le berger leur doit donner du fourrage pour leur nourriture :
c'est assavoir du foing et de l'avaine :
et aulcunes fois de la vesche déliée : non
pas de la plus grosse, et ung pou après, de
l'aultre. Et doit-on bien adviser que on
ne leur donne trop de vesche : car elle
est trop forte. Et au commencement,
leur doit-on donner de l'avaine, meslée
avecques bran que aulcuns nomment gruis
ou tierceul. Et doit le berger eschever
que il ne donne aux aigniaulx trop à
boire en leur estable : car planté boire
leur nuyroit. Et qui leur veult donner
à boire, pour en avoir esbatement, mette
de l'eaue clère en ung bacin ou chaul-
deron, ou aultre beau vaisseau bien cler
et bien escuré : car les aigniaulx se
mirent voluntiers au vaisseau cler, et y
prennent grand plaisance. En tous ces
points doit le berger estre curieux.

Et quant à la garde et gouvernement
des aigniaulx et antenois, doit garder
bien et diligemment la doctrine dessus-
dicte : espécialement que bouveraude ne

dauves ne leur puissent nuyre. Et, en
oultre, audict mois de Mars, le berger
doit eschever curieusement que ses
aigniaulx il ne mette soubz la répercus-
sion du soleil : car, en ce mois de Mars,
le soleil est au signe du mouton, qui est
fort et vertueux. Et lors le soleil, par sa
grand vertu, pénètre et perse de ses rais
jusques au cerveau des aigniaulx et leur
engendre une merveilleuse maladie que
l'on appelle avertin : qui les fait tour-
noier, dont ilz sont tous escervelez, et en
affolent et meurent par maintes fois.
Item, audict mois de Mars, le berger ne
doit donner à boire à ses brebis ou
aigniaulx, se ce n'est en cas de grand
nécessité : comme contre l'herbe bouveraude, ou pour trop grand chaleur de
soleil, et, se besoing en est, leur doit
faire boire eaue courant, s'il estoit en
lieu où il en peust recouvrer. La cause
pourquoy on doit faire abstenir les brebis de boire, au moys de Mars, est pource que lors les eaues ne sont pas bien
saines, pour les mutations de l'air et du
temps : qui est tourné en ver que l'on

dit printemps, et pour ce que la terre est lors eslargie et poureuse et jecte lors ses vapeurs et superfluitez : comme dict est. Et par ce, en celuy mois, le boire n'est pas prouffitable au bestial : mais est bon de mener en pasture par les gaschières aux herbes tendres et nouvelles, pour séder et appaiser leur soif, et pour obvier aux bruvages des flotz, des mares et des eaues, qui lors sont plus périlleuses qu'en aultres saisons.

CHAPITRE XII

DU MOYS D'AVRIL

Au moys d'Avril, le berger se doit lever fort matin pour visiter ses brebis, et pour ouvrir les huys et fenestres des estables pour leur donner l'air du matin. Car il leur fait grand bien. Et doit le berger voir aux champs, pour savoir de la qualité du temps. Et

se il fait bon pasturer, il doit incontinent
mettre hors ses brebis et les mener
champaier. Et qui fréquente les champs,
il doit bien adviser selon les vens et les
nuées : car il y a aulcuns vens, lesquelz
chassent les nuées et les bruynes devant
la face du soleil : parquoy l'air devient
pur et serain et fait beau temps. Et aulcuns autres acueuvrent l'air de nuées et
amainent la pluye, et mesmement ung
des vens que l'on appelle *plongel*, qui
vient de devers Occident : car il fait le
temps pluyieux, de son soufflement. Si
voit-on tout communément que, audict
moys d'April, souloie venter et souffler
ung vent que l'on nomme *galerne*, qui
vient de devers Septentrion, entre Occident et Bise, plus souvent que nul des
aultres, lequel vent de galerne les bergers le mauldissent, et le pays dont il vient.
Le berger, par généralle doctrine, doit
avoir considération aux temps et aux
vents, tant au moys d'Avril comme ès
aultres moys de l'an. Et doit eschever le
berger, que il ne maine ne conduise ses
brebis en pasture contre le vent de

solerre que aulcuns appellent Nort :
qui vient de devers Midy : lequel est
nuysant et dommageable aux brebis :
car il les fait enfler de son esperit et de
son soufflement. Si le doit le berger
eschever en tant que il peult : car il
advient souvent que, quand les bestes
en sont enflées, il y convient mettre
remède par seignée ou aultrement.
Comme cy après en sera dit plus à plein
des cures et des seignées.

CHAPITRE XIII

DU MOYS DE MAY

u mois de May, est le temps doulx et serain, et ne fait pas encore trop chault : et est tout flory sur terre : car elle a lors vestu sa belle robbe qui est aornée de plusieurs belles florettes de diverses couleurs ès bois et ès prez : et sont lors les pasturages tous pleins de belles herbes et tendres. Au mois de May, a-l'on coustume de tondre la laine des moutons, des brebis portières, des antenoises, et des aigniaulx : car lors est la laine meure. Et aussi plus convenable et trop plus prouffitable chose est de dépouiller lors et tondre les brebis, que en nul aultre temps : tant pour la chaleur attrempée du temps, comme pour l'aisement de la pasture.

De la manière de tondre les bestes dessusdictes, et comment on les doit prendre souef : et lyer les pieds d'une lanière ou d'une cordelle de laine molle, pour moins blecer : et du surplus de faire la tonsure, que l'on doit faire le plus prouffitablement que l'on peult, ne sera peu ou néant parlé en cest traicté : pource que la tonsure n'est pas de la propre essence du droit art du mestier de la bergerie. Car, combien que ce soit des dependences, toutesfois les bergers n'ont pas coustume de tondre leurs brebis. Et pour ce, s'en passe ledict Jehan de Brie.

Au dit mois de May, doit le berger mener ses bestes tart aux champs : et

aussi doit-il revenir tost à l'ostel. Tart,
pource que les rosées de May nuysent
au bestial à laine ; car avec la rosée se
mesle aulcunes fois brouillas ou miellaz,
qui moult empirent les herbes et les
fueilles. Et sur les fueilles des ronses, le
peult-on cognoistre et appercevoir plus
tost que ailleurs. Et les brebis de leur
nature mengent voluntiers les fueilles
des ronses, quand elles y peuvent advenir.
Et aulcunes fois, pour celle convoitise,
y laissent de leur laine, et de leur despouille, en allant trop près des ronses
poignans. Cestuy meffait doit-on par-
donner aux brebis, par l'exemple des
hommes : considéré que les hommes
sont discretz et raisonnables, laissant bien
leurs despouilles en la taverne, ou en
aultres lieux, pour leur fole volunté
accomplir, ce n'est pas grand merveille
des brebis, qui sont brutes et non raisonnables, se elles perdent de leur laine
pour accomplir leur désir et leur appétit :
et, pour y obvier, doit aler le berger tart,
que les rousées ne nuysent aux bestes à
laine : et d'aultre part, le tost repérer

leur est bon : pour eschever la force de l'ardeur du soleil, quand il est en sa ferveur et chaleur vers heure de midy.

Et audit mois de May le berger doit clorre et fermer lés huys et fenestres de ses estables, par jour : et, par nuyt, les doit laisser ouvertes pour recevoir l'air de la nuit : et, le temps serain ès estables, pour le bien, attrempance, et aisement des brebis. Et ne doit-on point nettoyer les estables pour les causes et raisons dessusdictes. Encore doit-on bien noter que qui veult faire tondre les jeunes aigniaulx de la première tonsure, on ne les doit point laver, posé qu'ils fussent crotez : car qui les laveroit pour nettoyer leur laine, quand on les vouldroit laver, il feroit son grand dommaige : et est bien esprouvé, pource que, quand on les lave et nettoye en l'eaue, ilz s'esbahissent et tressaillent, et aulcunes fois l'eau leur entre ès oreilles et en deviennent lours et estahieux, tellement qu'il en sont tous affolez. Et ont les veues torves, et ne sont pas proffitables à garder. Et pour ce, est-il bon et expédient de tondre les aigniaulx sans laver. Des moutons et des brebis n'est-il pas à faire pareillement : car on ne les doit pas tondre sans laver.

Quant les aigniaulx sont tondus et despouillez de leur première toison, le berger doit estre curieux de mener son troupeau d'aigniaulx, incontinent après leur tonsure, parmi ung chemin sec et pouldreux, affin que la pouldre que ilz esmouvent de leurs piedz se prengne sur eulx, et qu'il en soyent empouldrez, par deux jours ou trois. Et la raison est pource que la pouldre leur fait cotelle sur leur chair et les garantist et deffent de rongne ou de clavel, qui est une moult maulvaise maladie et nuysant aux brebis et aigniaulx, comme cy après sera dit. Et s'il avenoit que, sans moyen, après la tonsure, fist temps pluvyeux; parquoy les aigniaulx ne peussent eulx empouldrer ou chemin, pour l'empes-chement de la pluye, comme il eschet aulcunes fois, lors doit-on tenir lesditz aigniaulx ès establez : mais le berger contre l'empeschement y doit pourveoir, et doit prendre de la cendre, et aultre

pouldre sachée bien déliéement. Et icelle
pouldre doit jecter sur ses aigniaulx,
pour les empouldrer et pour iceulx garder et garantir, comme dit est : car celle
pouldre leur fait une manière de cotelle
sur leur petite laine, laquelle leur est
moult prouffitable, et les deffent et garde
de rongne et de clavel, et si les garantist de la pluye. Et n'est pas doubte que
à mesure que la laine leur croist et revient, elle déboute celle pouldre et em-
porte avec soy amont, et la chair des
aigniaulx demeure nette et pure soubz
la laine, et en la fin se purge la laine
par son suyn, et chasse la pouldre hors.
Ainsi les aigniaulx demeurent sains et
netz, moyennant ladicte pouldre. Pareillement est la pouldre convenable, nécessaire et prouffitable, aux moutons,
aux brebis et aux bestes antenoises. Et
les doit-on semblablement empouldrer,
après leur tonsure incontinent, et sans
moyen, pour icelle garantir et deffendre
des maladies dessusdictes, et pour garder la chair soubz la laine.

CHAPITRE XIV

DU MOYS DE JUING

u mois de Juing, doit le berger aviser curieusement en quelles parties il maine ses brebis en pasture, pource que, en ce mois de Juing, croist une herbe aux champs que l'on appelle *poucel.* Cette herbe est de deux manières. L'une a la fueille crete-

lée et la tige verte, et est bonne. L'aultre
a la fueille ronde et la tige vermeille et
pelue, et est si maulvaise, que quand la
brebis en menge, elle pert son runge et
devient malade.

En ce mois de Juing, se doit le berger lever, au point du jour, pour faire
traire le lait de ses bestes, et puis les
doit mener aux champs bien matin, car
lors y fait-il bon. Et, au retourner des
champs, les doit garder de trop grand
chaleur : car la chaleur du soleil nuyst
à la chair d'icelle brebis, pour la pau-
vreté de leur laine. Et la chaleur des
bestes peult le berger assez appercevoir
à son mouton sonnailler. Car, combien
que par raison il soit le plus gras, dont
il n'est pas sitot féru ne surpris du
soleil : toutesfois le sonnailler se arreste
tout coy, quant il a grand chauld, et
trippe des pieds et remue sa queue, et ce
sont les signes de la chaleur, et aussi
est-il environné des mouches, quand il
est arresté. Si y doit pourveoir le berger
et faire umbrager ses bestes, et mener
paisiblement ès estables. Et n'est force

que les brebis menge beaucoup, au mois de Juing : car la gresse de ce mois ne leur est prouffitable.

En ce mois doit le berger mener ses bestes hors des friches et des chemins herbeux, et les doit tenir ès gaschières et ès haultz lieux en planté de chardons : car la pasture des chardons leur est bonne. Et quand elles mengent voluntiers les tendres chardons, ce est vray signe que elles sont saines. Et se elles n'en veulent menger, ce est signe que elles sont usées, mal saines, et ne sont pas dignes de nourrir. Si doit considérer le berger et en adviser son maistre, pour son prouffit. Et à heure de prangière, audit mois, ne doit pas le berger mener ses brebis après disner contre soleil : mais doit tourner le dos au soleil et les conduire ès valées où les herbes sont plus moistes, et n'est pas doubte que les brebis voyent mieulx l'herbe verdoier, quand elles ont les doz tournez au soleil, que se le ray du soleil luy-soit parmi les yeulx. Et est assavoir que lors une herbe, nommée chaillie, leur

est moult prouffitable et nourrissant, et
leur fait avoir bon ventre : car, se les
brebis estoient enflées ou mal mises
d'aucune male herbe, la chaillée les gué-
rist et leur est vraye médecine. Et soit
adoncques le berger saige et discret, en
ramenant ses brebis.

CHAPITRE XV

DU MOYS DE JUILLET

U mois de Juillet, doit le berger lever matin aussi, comme au mois de Juing. Et jaçoit que audit mois de Juing soit dit et conseillé que le berger doit mener ses brebis ès gaschières et ès haultz lieux : toutesfois, en ce mois de Juillet, se doit gar-

der d'une herbe que l'on appelle *sauvres*,
à une petite fueillete jaulne, laquelle
herbe de sauvres est tant nuysant au
bestial, que se les brebis la mengent ainçois que la fleur y soit, elles en sont
enflées, et de la malice de l'herbe sont
en péril de mort. Quant les brebis ont
trop chauld, assez est dit, au chapitre des
reigles généraulx, en quelle manière on
les doit refroidir et umbrager.

CHAPITRE XVI

N Aoust, doit le berger lever matin comme dessus, et soy desjuner d'une soupe en eaue, ou du lait cler, et ne doit porter pain en sa panetière, fors pour son chien. Et ne doit point porter de houlette ne d'aultre baston, fors que une verge de coul-

dre en sa main, par manière d'esbatement.

En Aoust, le berger ne doit pas mener ses bestes en friches, en gaschières,
ne en pasturaiges où il ayt verdure :
mais les doit mener et tenir ès chaumes
et esteules où les blez et avoines ont esté
soyez. Et illec doivent prendre les brebis
leur pasture et non ailleurs, au moins
selon la coustume de France, et de
Brie, laquelle est telle que chascune
berger peult mettre ses brebis ès chaumes aux champs tout aussi tost que
les gerbes en sont ostées. Et, devant
disner, les doit ramener assez tost ès
estables et les laisser reposer, et atten-
dre jusques à haulte prangière, et après
disner doit aller tart aux champs et y
doit tenir ses brebis jusques à une lieue
de nuyct.

Au mois d'Aoust, et aux moys ensuyvant, peult-on faire et laisser gésir les
brebis hors des estables et emmy la
court ou ailleurs : mais que ce soit en
lieux seurs.

En Aoust, le berger doit garder ses

brebis qu'elles ne soyent enflées de menger trop d'espis : car mort s'en pourroit ensuyr, qui n'y pourvoiroit de remède.

CHAPITRE XVII

Au mois de Septembre, doit le berger mener ses brebis matin aux champs, et, pour pasturage, les doit conduire, devant disner, ès terres et chaumes où il y a eu blez. Et après disner, ès lieux où il y a eu avoines. pour asouplir contre le vespre, et doit

eschever terres maigres et pierreuses :
car lors y croist une herbe que l'on
nomme *muguet sauvaige*, que les brebis
mengent voluntiers : mais elle leur est
nuysant et mal prouffitable. Et est
ainsi comme semblable à la treffle, en
fueille et verdeur : mais elle est plus
haulte et a une fleur plus jaulne par
rinsiaux. Et sur celle herbe et ses rinsiaux descent une manière de bylos :
lesquelz descendent de l'air, semblables à
fil de coton qui se adhèrent à celle
herbe de muguet, et y demeurent, et en
eulx se nourrissent areignes, vermines et
ordures envenymées. Et pour convoitise de l'herbe, les brebis la mengent
avec l'ordure et en enquièrent une
grand maladie, que l'on appelle yrengnier, qui tient en la teste, et dont la
brebis est enflée et envenimée en péril
de mort. Et mourroit de celle maladie,
se l'on n'y mettoit remède.

En celuy mois de Septembre, par
commune ordonnance de nature, les
brebis portières sont luitées et saillies
des moutons masles, pour propaginer et

continuer l'espèce des bestes à laine par
génération, selon la bonne disposition
du souverain pasteur, créateur et condi-
teur de toutes choses immorteles, mor-
teles, raisonnables, brutes, animées et
sans ame. Si advient, à la fois, que aulcunes brebis portières sont luitées et
saillies en Aoust. Et aussi sont-elles
plus hastives à faonner, devant Febvrier.

Audit mois de Septembre, le berger
doit estre diligent de la garde de ses
moutons saillans, qui luysent les portières femeles. Et ce mois durant, doit
faire gésir les moutons et portières
emmy la court ou en autres lieux seurs,
hors des estables, et les visiter souvent.

CHAPITRE XVIII

DU MOYS DE OCTOBRE

E N Octobre, mette le berger ses brebis matin aux champs pour pasture, et eu regard à la qualité du temps, comme dit est dessus. Et, au matin, les doit tenir et conduire ès nouvelles gaschières : car les nouvelles herbettes et chardons qui croissent ès nouvelles gaschières leur sont moult prouffitables. Et, après disner, les doit mener ès chaumes et ès esteules comme en Aoust, et les tenir ès chaumes jusques à une lieue de nuyct ou environ. Et pource qu'en ce temps les bestes ne sont pas encore refroidies et tiennent encore grand partie de leur chaleur pour le cohit naturel : et que les chars des bestes portières ou moutons ne sont pas lors bien convenables à menger : la seignéc audit mois est deffendue, et toute médecine à faire à tout bergin, tant aux moutons comme chastris, portières, brebis, antenoises et aigniaulx. Excepté que se aulcune en estoit découragée de menger ou malade par aulcun accident, l'on luy doit donner à menger des fueilles de choulx, pour son appétit recouvrer.

CHAPITRE XIX

DU MOYS DE NOVEMBRE

N Novembre, le berger doit mener et conduire ses brebis ès chaumes et esteules, comme dessus, pour pasturer le regain des herbes qui sont regaynées : car la doulceur d'icelles leur sont moult nourrissant et prouffitable. En ce mois de Novembre.

est deffendue la seignée et médecine, tout ainsi comme en Octobre. Et, se les moutons sont descouragez en ce mois, le berger leur doit donner à menger du sel ung peu. Et pource que, en l'yver, pleut plus souvent qu'en aultre temps : quand il a pleu et que le berger meine ses brebis en pasturage près des bois, il doit estouper et emplir les sonnettes de ses bestes, tellement qu'elles ne puissent sonner ne faire noise. Car les loups ne peuvent bonnement endurer la pluye, pour les dégoustz des ruisseaulx et des fueilles du bois, qui leur chet ès oreilles et leur fait mal. Et pour ce, yssent hors des bois après pluye et se tapessent pour agayter les brebis, quand il les sentent au vent, ou quand ilz oyent les sonnettes. Si les doit le berger estouper pour oster la noise, et doit lors champaier loing des bois et contre vent, et estre curieux sur son bestail, pour obvier aux périls et dommaiges.

CHAPITRE XX

DU MOYS DE DÉCEMBRE

N Décembre, doit-on aller tart aux champs en pasturage. Et lors les brebis mengent voluntiers une herbe qu'on appelle hyebles, mesmement celles qui sont grosses et empraintes et veulent avoir nouvelles pastures, et sont jà saoulées des regains

des herbes et des chaumes. Et quand
elles ont gousté des hyebles, il n'a guiè-
res de danger en la garde. En celuy
mois de Décembre, ne viennent point
les bestes au disner à méridienne, et les
doit-on tenir et garder aux champs jusques à soleil couchant : et est moult à
noter que, tout ainsi que pour reigle
générale est deffendu à nettoyer et curer
les estables des brebis au mois de May,
tout ainsi est commandé qu'au mois de
Décembre les estables soient curées et
nettoyées. Et n'y doit-on laisser nul
fiens : mais est bon de les curer souvent, pource que les fiens en Décembre
sont moult nuysans au bestial.

CHAPITRE XXI

DES MALADIES QUI VIENNENT AUX BREBIS,
AIGNIAULX ET AULTRES BESTES A LAINE.
— DE LA MALADIE QU'ON DIT L'AFFILÉE

L'AFFILÉE est une maladie qui vient communément aux aigniaulx, et la prennent quand ilz goustent du lait de brebis, laquelle a de nouveau faonné, lequel lait l'on appelle bet et est le premier lait de la mamelle ou du pis de la brebis, après ce que elle a faonné de nouveau, comme de ce est faite mention cy dessus au chapitre du mois de Febvrier : celle maladie affilée est moult périlleuse.

CHAPITRE XXII

DU POUCET

UNE aultre maladie y a que les aigniaulx preignent, quand ilz sont plus de quinze jours continuez avec les mères depuis qu'ilz sont nez : laquelle maladie est appellée poucet. De celle maladie et dont elle est causée, est dit assez suffisamment, au chapitre du mois de Febvrier, et ceste maladie du poucet est moult périlleuse : car contre elle a bien peu de remède.

CHAPITRE XXIII

DU BOUCHET

L A maladie du bouchet est semblablement contenue, audit chapitre de Febvrier : et dit le Maistre que ceste maladie du bouchet est engendrée aux aigniaulx, quand ilz alaictent leurs mères quand elles viennent des champs, ainçois qu'elles soient bien disposées et refroidies. Et de celle maladie meurent les aigniaulx souvent, se l'on n'y mettoit remède.

CHAPITRE XXIV

DU CLAVEL

UNE maladie que l'on appelle le clavel, laquelle vient aux brebis, aigniaulx et aultres bestes portant laine, par trop boire et aultres excès de maulvaise garde.

CHAPITRE XXV

DE LA RONGNE

LA rongne est une aultre maladie, qui leur vient ès dos par pluye, par morfontures ou aultres, à l'ayde de froidure.

CHAPITRE XXVI

DU POACRE

L A maladie du poacre vient aux brebis et bestial de accident de pasturer ès rousées, ès terres sablonneuses. Et est le poacre une maladie et manière de rongne, qui prent et tient ès museaux des brebis. Et est assez pire et plus nuysant que la rongne du dos.

CHAPITRE XXVII

DE LA BOUVERAUDE

E la maladie qui vient aux brebis d'une herbe qui est appelée bouveraude, est assez touché, au chapitre du moys de Mars : comment la maulvaise herbe de bouveraude prent les brebis par le guoitron de la gorge : et comment les bestes en sont en grant péril.

CHAPITRE XXVIII

DE LA DAUVE

UNE maladie que l'on appelle dauve vient aux brebis de menger une herbe, qui semblablement est nommée dauve. De laquelle herbe de dauve, et aussi de la maladie qui en est engendrée, est dict plus en plain cy dessus, au chapitre dudict moys de Mars.

CHAPITRE XXIX

DE L'AVERTIN

UNE maladie vient aux aigniaulx, laquelle est nommée avertin et leur est engendrée de la force et répercusion du soleil qui les fiert ès testes. Et leur faict par la chaleur esmouvoir leur cerveau, dont ilz affolent et meurent et tournoient souventesfois : comme dict est audict moys de Mars.

CHAPITRE XXX

DE L'ENFLEURE

E l'enfleure y a deux causes ou plusieurs, dont l'une est engendrée au moys de Juillet, quand les brebis mengent une herbe que l'on appelle fevrel, à la petite fleur jaune : ainçois que ladicte herbe soit fleurie. L'aultre cause est, quant elles mengent trop espiz, au mois d'Aoust, en sont enflées.

CHAPITRE XXXI

LE RUNGE

NE aultre maladie que l'on appelle le runge perdu. Et leur vient, quand elles mengent d'une herbe qui est appellée poucet, et cette herbe oste aux bestes le gout de menger.

poucet

CHAPITRE XXXII

DE L'YRENGNIER

LA maladie que l'on dict l'yrengnier est engendrée aux brebis, au moys de Septembre, quand elles mengent l'herbe que l'on appelle muguet saulvage : sur laquelle herbe descend yraignes et vermines, que moult les empire.

CHAPITRE XXXIII

AUTRE CHAPITRE, DES REMÈDES

DES remèdes et cures de ces maladies : prendrons du remède contre l'affilée, qui est tel : quand l'aigniau est malade de l'affilée, on luy doit faire alaicter une aultre mère que la sienne, pour deux ou trois jours, et il guarira.

CHAPITRE XXXIV

REMÈDE DU POUCET

CONTRE le poucet il y a peu de remède, fors que de oster les aigneaux d'avec leurs mères, quant ilz y ont esté quinze jours, si comme il est dict, au chapitre de Febvrier.

CHAPITRE XXXV

REMÈDE DU BOUCHET

ONTRE la maladie du bouchet a tel remède : on doit prendre ung baston de sceur vert, de demy pied de long, et le fendre au bout en croix : et mettre icelluy en la gueulle de l'aigneau, et quand le baston a touché la maladie en la gueulle de l'aigneau, on le doit mettre en lieu où il puisse bien tost seicher, et lors qu'il seiche l'aigneau treuve bien tost garison.

CHAPITRE XXXVI

REMÈDE DU CLAVEL

E remède contre le clavel, tant pour aigneaux que pour aultres bestes à laine, est tel. Le berger doit cueillir, la veille de la nativité sainct Jehan Baptiste une herbe, laquelle est appelée tume, aultrement juscarime ou henvebonne, et est assez commune : on la trouve en plusieurs lieux ou en plusieurs places. Icelle herbe est de telle nature que elle est mise et reposée secrettement aux estables, affin qu'on ne la voye, et en révérence et honneur de monseigneur sainct Jehan-Baptiste : et ne doit pas chascun veoir ne savoir le secret et les grans biens que sont en l'estat de bergerie.

CHAPITRE XXXVII

REMÈDE DE LA RONGNE

ONTRE la rongne au dos des moutons, ou aultres bestes à laine, on doit faire oignemens de vieil oingt de porc : de vif argent et d'alun de glace, et de coupperose, de vert de gris : et mesler tout ensemble avec ung peu de farine de semence de nesle ou de cendre commune : et confire avec le vieil oingt. Et de cest oignement doit-on oingdre la rongne; si guariront les bestes. Et aux aigneaux convient ouvrer plus doulcement, pource qu'ilz sont plus tendres : prenez vieil oingt, vert de gris et cendres de serment de vignes. Et qu'il n'a serment, preigne des genefvres : et soit tout broyé ensemble pour oingdre les

aigneaux : si gariront. Et n'y convient
mettre vif argent : ne alun de glace : ne
coupperose : car ilz sont trop fors cor-
rosifz, et pourroient faire mourir les
aigneaux. Et se aulcun pauvre mesnager
ne pouvoit finer des choses dessusdictes :
doit prendre des genefvres verds et coup-
pés mesmement par tronçons, et les faire
bouillir en lessive cendre de dauves, et
puis broyer les tronçons : et les faire
boullir de rechef : tant qu'ilz soient bien
amolis, et qu'ilz ayent attraict la substance et la force de la cendre : et vault
à faire oingture à garir et curer ladicte
rongne, tant à bestes surannées que
aigneaux.

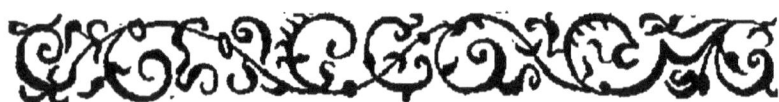

CHAPITRE XXXVIII

REMÈDE DU POACRE

OUR garir le poacre, prenez coupperose : alun de glace et souffre vif : et broyez tout ensemble, et faictes boullir en huylle de cheneveys, et le mettez tout chault sur la beste poacreuse, au soir, quand elle reviendra des champs : car, qu'il le mettroit au matin, ne proffiteroit néant, pource que l'ongnement se dégasteroit et chariroit en paissant. Et qui ne pourroit avoir les choses dessusdictes contre le poacre, preigne ung vieil essieul de charrier oingt de vieil oingt, et le face ardoir par le bout : de la poudre mettez sur la rongne et sur les museaux. Et n'est pas seullement que pour tappir ladicte

maladie à certain temps : car la pouldre
de l'essieul ne faict pas plaine ne par-
faicte cure, mais le faict tappir ainsi
comme l'on pourroit faire de gouterose,
ou d'aultre maladie contagieuse, à certain
temps, sans curer à plain. Si est le plus
expédient de oingdre ses bestes poa-
creuses, quant la maladie est tarie, ainçois
que leur poacre renouvelle. Et est ceste
maladie ès brebis ainsi que la pierre
seroit aux hommes, et ainsi incurable.
Et toutes fois les bestes à laine en sont
aulcunes fois curées et garies par l'ongnement dessus dict.

CHAPITRE XXXIX

REMÈDE DE LA BOUVERAUDE

ONTRE bouveraude, si comme est dict au moys de Mars, et tout comme les brebis ont gousté de la bouveraude, il convient que le berger y secoure incontinent et leur mette du sel en la gueulle pour faire boire et avaler l'amertume de la male herbe. Aussi est bon remède de jetter à la beste de la terre et de la tampière par dessus le dos ou de l'eaue pour la faire escourre et mouvoir : car quant elle se escoust, après le goust de celle male herbe, il s'ensuyt santé.

CHAPITRE XL

REMÈDE DE LA DAUVE

ONTRE la maladie de la dauve, combien que la brebis endauvée puisse vivre par aulcun temps, est mal saine , toutesfois il n'y a peu ou néant de remède. Et ce qu'il en peult estre, querez-le au chapitre en Febvrier.

CHAPITRE XLI

REMÈDE DE L'AVERTIN

ONTRE la maladie d'avertin qui vient aux aigneaux de force de soleil, le remède est tel : l'en doit prendre la fueille de lorvalle laquelle est nommée toutebonne : et faire jus de la fueille et jetter dedans l'oreille de l'aigneau pacient. Et qu'il ne peult avoir de la fueille, si preigne de la graine d'icelle herbe broyée et destrampée en vin aigre, et soit jetté en l'oreille de l'aigneau : si garira.

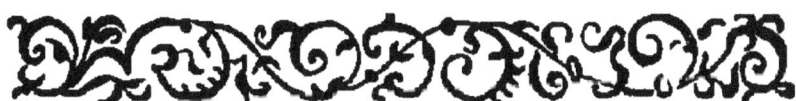

CHAPITRE XLII

ONTRE l'enfleure qui vient de fevrel quand la brebis la menge : ainçois que l'enfleure y soit, le remède si est tel, qu'il convient de seigner la beste, du chef de la veine, sur l'œil. Et quand le premier sang est cheut sur terre, on doit prendre de l'aultre sang de la beste, à l'oreille du cousteau : et en donner par trois fois à la beste. Et si tost qu'elle lesche son sang, elle tourne à garison : et si par adventure elle seignoit trop, on luy doit mettre de la cendre sur la teste, pour soy escourre. Car, à se escourre, le sang cesse et prent aultre chemin. Et quand l'enfleure vient de menger trop d'espis en Aoust : quand on apperçoit que les bestes sont enflées, on ne les doit pas mettre en l'eaue jusques au ventre, affin qu'elles se attrempent, et que le lait se puisse nourrir au ventre de la beste, pour le faire mouvoir et escourre : en ce faisant, elle fait tourner sa viande en son ventre : et, pour la faire plus tost escourre, on luy doit jecter de l'eaue sur le dos. Et quand elle se escoust, c'est signe de garison : et ce fait, doit le berger eschever que la beste ne boive jusques à jour et demy après ensuyvant. Mais luy soit donné d'une feuille de blette ou d'aultre chose, pour perdre la soif : jusques à ce que la beste soit remise à santé et à son goust de menger.

CHAPITRE XLIII

REMÈDE DU RUNGE PERDU

ONTRE le runge perdu qui vient aux brebis quand elles mengent d'une herbe, laquelle on appelle poucel, le remède est tel : que le berger, si tost qu'il apperçoit que la brebis a perdu son runge, et le scet parce qu'elle rent eaue verte par la gueulle : lors si la loeste est malade, il doit ouvrir, de la pointe d'ung coustel, la gueulle soubz la langue : et d'une aultre beste femelle en la gueulle de la loeste sur la langue : et luy doit mener les machoires tant qu'il la voye menger et ronger. Et si la beste qui a perdu son runge est femelle, on lui doit donner du runge d'ung mouton chastris ou masle. Faire comme dessus, si trouvera garison.

CHAPITRE XLIV

REMÈDE DE L'YRENGNIER

ONTRE la maladie que l'on appelle yrengnier, laquelle les bestes preignent en mengeant le muguet sauvage, le remède est tel : que le berger doit visiter ses brebis curieusement, et, quand aulcune est enflée de ceste maladie, il luy doit premièrement fendre les oreilles, et se par les oreilles sault le venin jaulne ou aultre, il doit savoir que la beste est en péril de mort, et luy doit fendre et trencher le cuir du museau et du visaige au plein, mesmement d'ung canivet : et hors des vaines en plusieurs lieux : car, par les jarsures, sault hors le venin de ladicte couleur jaulne. Et pour garison, le pasteur doit prendre d'une herbe appelée roynette, qui croist ès gaschières, et a une petite fleurette ronde. Et doit froter l'herbe entre ses mains, et après froter le museau de la beste. Et s'il ne peult promptement finer de l'herbe de ladicte roynette : preigne de la fueille de poreaulx et en face jus, et ce jus soit mis sur le museau de la beste ès lieux blessez : si trouvera garison. Et quand les bestes sont ainsi malades et desgoutées, le berger leur doit donner à menger des miettes de pain meslées avec sel. Et ainsi doit faire, et les garder par l'espace de trois jours, pour leur donner goust de menger, et, pour donner goust, boute une herbe dicte vervaine, qui donne planté de laict aux femelles : mais, pour ce qu'il est froit, il n'est pas expédient que les moutons en mengent ne usent, au moys de Septembre, quand ilz sont en estat ou saison de saillir et luyter les brebis portières.

CHAPITRE XLV

DE LA SEIGNÉE

E<small>N</small> plusieurs manières se fait la seignée des brebis : on les seigne du chef de la veine sur l'œil, d'ung canivet : et doit-l'on oster ung peu de la laine, pour voir la veine. Aulcuns apprentis et non expers en l'art de seigner, les seignent en la queue et leur couppent les oreilles pour faire seigner. Mais ceste œuvre est deffendue : car les brebis sans oreilles sont diffamées, et ceux qui en sont maistres ne leur couppent point.

Des aultres enseignemens pour enfleures, et du museau, est dict cy-dessus : et souffit pour briefveté, sans en faire difficulté.

CHAPITRE XLVI

LA MANIÈRE DE CHASTRER ET AMENDER LES AIGNIAULX

S E les aigniaulx sont nez en Janvier, on les doit amender en Mars ensuyvant. Et y a deux jours environ la feste de la nativité Nostre Dame de Mars, soit au mardy ou au jeudy, ou au samedy, en toutes saisons. Et aux femelles est expédient de rongner les queues de trois dois de long, et non plus ne moins. De la manière de amender les moutons : l'on leur couppe plein doy de la boursette aux génitoires: et doit lors le berger estre sans péché, et est bon de soy confesser, et ne doit ce jour menger des aux pour avoir meilleure aleine. Et en la playe de l'aigniau

doit mettre de la cendre déliée, et garde
le berger ses aigniaulx de boire, et les
doit visiter parmy la fenestre, qu'il ne
les face lever ou efforcer, et au soir les
doit faire alaicter en lieu estroit, qu'ilz ne
fuyent, et que les playes ne se euvrent.
Et regarder aux piedz de ceulx qui sont
chastrez, pour moult voir se ilz ont gros
piedz et courts : c'est bon signe. Et est à
noter que mieulx est qu'ilz soient chastrez par temps pluyeux que temps sec.

CHAPITRE XLVII

DU CHIEN DU BERGER

Du chien du berger convient à l'introduction le duire de aler arrester les brebis, et que le berger entame l'oreille d'une brebis, en face saillir le sang, et le face sentir à son chien par deux fois ou trois : et jamais ne prendra la brebis que par l'oreille. Et affin que le chien suyve voluntiers le berger, il luy doit oingdre et froter les joues de la croute de lart, et les deux piedz de devant : et le mener souvent : jusques à ce qu'il soit bien duyt. Et quand le chien se couche aux champs, le berger luy doit croiser les piedz. Et se il ne se duyt quand il luy aura fait par deux ou trois fois, si luy donne congé : car il n'est pas digne d'estre avec les bergers et brebis.

Et priez Dieu pour le bon berger Jehan de Brie.

Le simple Berger Jehan de Brie
Ne parle que à la bonne foy :
A tous subtilz pastoureaulx prie
Qu'ilz reçoyvent en gré sa loy :
Vivant sans soucy, sans esmoy,
A esté en ville et villaige :
Où il composa soubz ung may
L'Art des bergers en son usaige.

Du premier eut beaucoup de peine,
Et en après eut de grans biens :
Nonobstant, la vie mondaine
Il desprisoit sur toutes riens :
Monstrant les inconvéniens
Qui peult venir aux pastoureaulx :
Et comme par plusieurs moyens
Doivent supporter leurs aigniaulx.

Les pasteurs portans crosse et mitre
Voulans à cecy regarder,
Pourront apprendre maint chapitre,
Pour leurs oeilles bien garder :
Faulses pastoures évader,
En chassant les ravissans loups :
Pour ce, pastoureaulx, sans tarder
A cecy devez penser tous.

Son sens naturel fut exquis
Pour monstrer l'art de pastourie :
Il eut bien peu de sens acquis,
Ains que hanter la seigneurie :
Et toutesfois par industrie
Son cas rédigea par mémoire,
Selon l'estat de bergerie,
Et sans appeter vaine gloire.

Subtilz entendemens font rage
De distinguer d'aulcunes choses :
Le fol peut enseigner le saige :
Sur ung texte font plusieurs gloses :
Tost se gaste chapeau de roses :
Peu de vin souvent l'homme enyvre :
Parquoy Jehan de Brie en ses proses
Requiert qu'on excuse son livre.

FIN DE JEHAN DE BRIE

LE·BON BERGER

Paris. — Imp. Motteroz, 31, rue du Dragon.

PETITE COLLECTION ELZEVIRIENNE

Catalogue complet (1er mars 1879)

THÉOLOGIE

Histoire ecclésiastique
Protestantisme ✔

1. SINISTRARI. *De la Démonialité* . . . . . 5 fr.
2. VALLA. *La Donation de Constantin.* . . . 10 fr.
3. *Les Ecclésiastiques de France.* . . . . . 2 fr.
4. HUTTEN. *Julius.* 3 fr. 50
5. *Luther et le Diable.* 4 fr.
6. BÈZE (THÉOD. DE). *Passavant* . . . . . 3 fr. 50
7. *Passevent Parisien.* 3 fr. 50

PHILOSOPHIE

Mœurs et Usages, Histoire

1. LA MOTHE LE VAYER. *Soliloques.* . . 2 fr. 50
2. POGGE. *Un Vieillard doit-il se marier ?* 3 fr.
3. POGGE. *Les Bains de Bade.* . . . . 2 fr.
4. ERASME. *La Civilité puérile.* . . . . . . 4 fr.
5. ESTIENNE (HENRI). *La Foire de Francfort.* 4 f.
6. GESNER. *Socrate et l'Amour Grec* . . 3 fr. 50
7. TACITE. *La Germanie.* 3 fr. 50
8. HUTTEN. *Arminius.* 4 fr.
9. *Remonstrance aux François.* . . . . . . 1 fr.

POÉSIE

1. DU BELLAY. *Jeux rustiques.* . . . . 3 fr. 50
2. DU BELLAY. *Les Regrets.* . . . . . 3 fr. 50
3. BONNEFONS. *Pancharis* . . . . . . 4 fr.
4. BOULMIER. *Villanelles.* 6 fr.

CONTES ET NOUVELLES

1. ARISTÉNET. *Épistres amoureuses.* . . . 5 fr.
2. BOCCACE. *Décaméron,* 6 volumes . . . . 30 fr.
3. POGGE. *Facéties,* 2 vol. (20 fr.). . . . . *Épuisé.*
4. FAVRE. *Jean-l'ont-pris.* 3 fr.
5. DENON. *Point de lendemain.* . . . . . 4 fr.
6. CASTI. *La Papesse.* 10 fr.

PHILOLOGIE

Histoire littéraire

1. NAUDÉ. *Advis pour dresser une Bibliothèque.* 4 fr.
2. LA MOTHE LE VAYER. *Hexaméron rustique.* (3 fr. 50.) *Épuisé.*
3. GRIMAREST. *Vie de Molière.* (5 fr.). *Épuisé.*
4. *Les Intrigues de Molière.* (6 fr.). . . . . *Épuisé.*
5. *Molière jugé par ses Contemporains.* . . 4 fr.
6. *Élomire hypocondre.* 10 fr.

En préparation : (Mœurs et usages) JEHAN DE BRIE, *Le Bon Berger.*—(Contes et Nouvelles) ARIOSTE, *Roland furieux*; *L'Heptaméron* de la REINE DE NAVARRE, etc.

Paris. — Imp. Motteroz, 31, rue du Dragon.

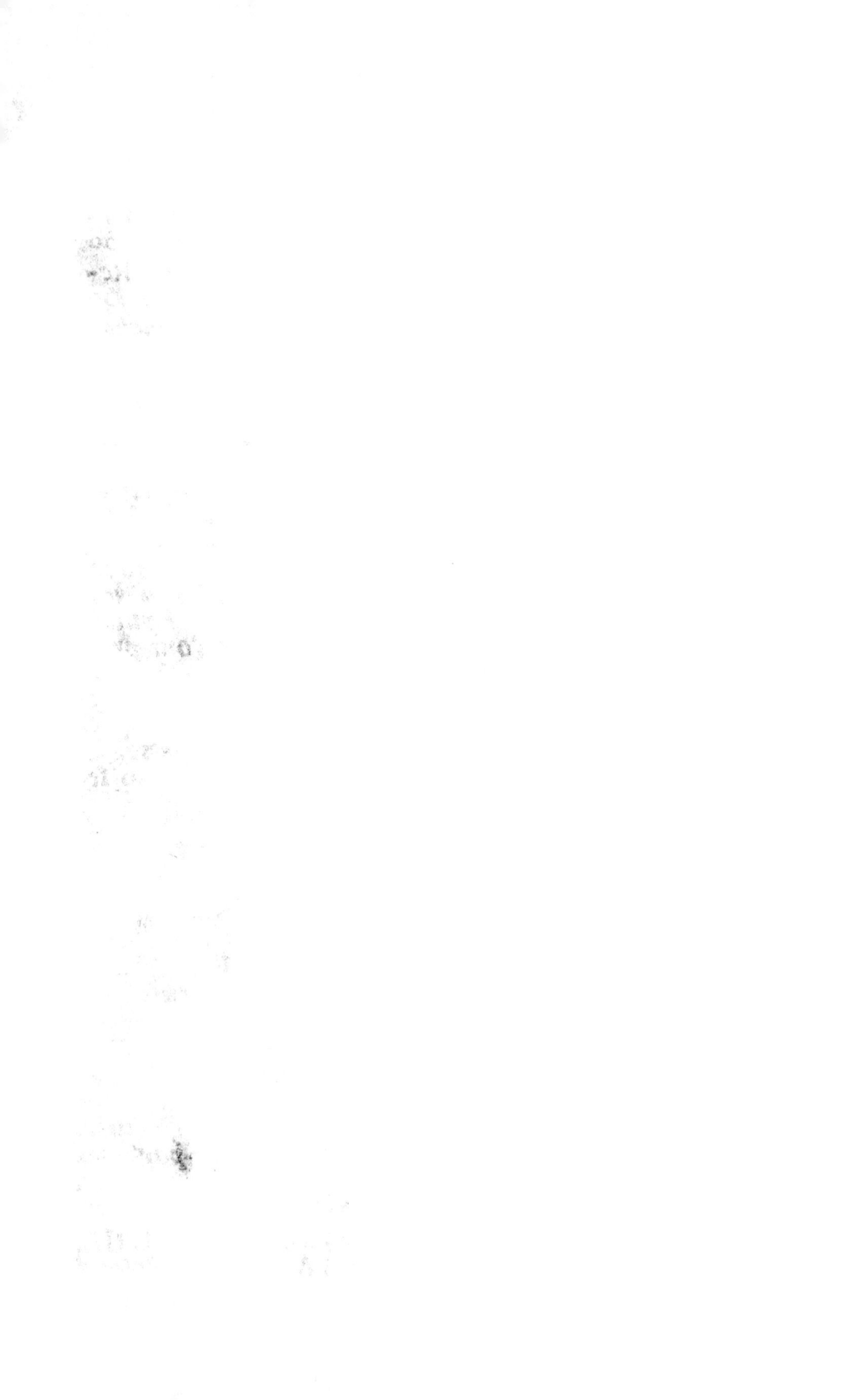

www.ingramcontent.com/pod-product-compliance
Lightning Source LLC
Chambersburg PA
CBHW060609210326
41519CB00014B/3613